westermann

Hermann Moosmeier, Werner Reuschl

Konstruktionsmechanik

Lernsituationen, Technologie, Technische Mathematik
Lernfelder 5 und 6

2. Auflage

Bestellnummer 74340

Bildquellenverzeichnis

|Di Gaspare, Michele (Bild und Technik Agentur für technische Grafik und Visualisierung), Bergheim: Titel, Titel, Titel, Titel, 9, 14, 15, 16, 17, 18, 19, 20, 21, 22, 23, 24, 25, 27, 28, 29, 30, 34, 35, 36, 37, 38, 39, 40, 41, 42, 45, 46, 47, 48, 49, 50, 51, 53, 54, 55, 56, 58, 59, 60, 61, 63, 64, 65, 67, 68, 69, 70, 71, 72, 73, 74, 75, 76, 77, 78, 79, 80, 81, 82, 83, 85, 91, 96, 97, 98, 99, 100, 101, 102, 103, 104, 105, 108, 109, 110, 111, 112, 113, 114, 115, 116, 117, 118, 119, 121, 122, 123, 124, 125, 126, 127, 128, 129, 130, 131, 132, 133, 135, 136, 137, 138, 139, 140, 144, 145, 146, 147. |Shutterstock.com, New York: optimarc 56; Yeti studio 56.

Wir arbeiten sehr sorgfältig daran, für alle verwendeten Abbildungen die Rechteinhaberinnen und Rechteinhaber zu ermitteln. Sollte uns dies im Einzelfall nicht vollständig gelungen sein, werden berechtigte Ansprüche selbstverständlich im Rahmen der üblichen Vereinbarungen abgegolten.

service@westermann.de
www.westermann.de

Bildungsverlag EINS GmbH
Ettore-Bugatti-Straße 6–14, 51149 Köln

ISBN 978-3-427-**74340**-8

westermann GRUPPE

Inhalt

Herstellen von Baugruppen aus Blechen

Montieren und Demontieren von Baugruppen

Stähle sind Eisenwerkstoffe, deren Kohlenstoffgehalt kleiner als 2,2 % ist. Außerdem sind im Stahl noch mehr oder weniger andere Elemente enthalten.

A. Einteilung unlegierter Stähle

	Verwendung z. B.	Kurzzeichen z. B.	C-Gehalt (%)
a) Unlegierter Stahlbaustahl Kennzeichen: ______			
b) Unlegierter Maschinenbaustahl Kennzeichen: ______			

Der Kohlenstoffgehalt unlegierter Stahl- und Maschinenbaustähle liegt zwischen ______ und ______ %. Für eine Wärmebehandlung (z. B. Härten) sind sie nicht geeignet. Sie sind preiswert und es werden daraus Rohre, Profile und Bleche hergestellt.

c) Unlegierter Feinkornbaustahl Kennzeichen: ______ mit nachgestelltem N (normalgeglüht) oder M (thermomechanisch gewalzt)			

Liegt der Kohlenstoffgehalt zwischen ______ und ______ %, sind unlegierte Stähle besonders gut schweißbar. Trotzdem haben sie eine hohe Festigkeit.

d) Unlegierte wetterfeste Baustähle Kennzeichen: ______ mit nachgestelltem W oder WT			

Diese Baustähle besitzen durch einen kleinen Zusatz von Cr und Ni einen verbesserten Korrosionsschutz. Sie zählen trotzdem zu den unlegierten Stählen.

B. Einteilung der Vergütungsstähle

	Verwendung z. B.	Kurzzeichen z. B.	C-Gehalt (%)
a) Unlegierter Vergütungsstahl Kennzeichen: ______			
b) Niedrig legierter Vergütungsstahl Kennzeichen: ______			
Der Kohlenstoffgehalt unlegierter und niedrig legierter Vergütungsstähle liegt zwischen ______ und ______ %. Vergütungsstähle werden gehärtet. Durch anschließendes Erwärmen werden Härte und Sprödigkeit verringert, Zähigkeit und Festigkeit aber erhöht.			

C. Einteilung der Einsatzstähle

	Verwendung z. B.	Kurzzeichen z. B.	C-Gehalt (%)
a) Unlegierter Einsatzstahl Kennzeichen: ______ E = begrenzter S-Gehalt			
b) Niedrig legierter Einsatzstahl Kennzeichen: ______			
Durch den geringen Kohlenstoffgehalt ist dieser Stahl nicht härtbar. Wird in die Randschicht Kohlenstoff zugeführt, kann dieser trotzdem gehärtet werden; der Kern bleibt zäh und elastisch.			

D. Einteilung der Automatenstähle

	Verwendung z. B.	Kurzzeichen z. B.	S-, Pb-Gehalt (%)
Niedrig legierter Automatenstahl Kennzeichen: ______			
Automatenstahl erzeugt bei der spanenden Bearbeitung kurzbrechende Späne.			

E. Einteilung der Federstähle

	Verwendung z. B.	Kurzzeichen z. B.	C-Gehalt (%)
a) Unlegierter Federstahl Kennzeichen: ______			
b) Niedrig legierter Federstahl Kennzeichen: ______			
Kohlenstoffgehalt zwischen ______ und ______ %.			

F. Einteilung der Nitrierstähle

	Verwendung z. B.	Kurzzeichen z. B.	Cr-Gehalt (%)
b) Niedrig legierter Nitrierstahl Kennzeichen: ______			
Hauptlegierungsbestandteil ist ______. Die Randschicht des Bauteils wird dadurch sehr hart, verschleißfest und wärmebeständig.			

G. Einteilung der legierten rostfreien Stähle

	Verwendung z. B.	Kurzzeichen z. B.	Cr-Gehalt (%)
Hoch legierter nichtrostender Stahl Kennzeichen: ______			
Hauptlegierungsbestandteil ist Chrom.			

H. Einteilung der Werkzeugstähle

Werkzeugstähle können unlegiert und legiert sein.

	Verwendung z. B.	Kurzzeichen z. B.	C-Gehalt (%)
a) Unlegierter Kaltarbeitsstahl Kennzeichen: ____			
Kohlenstoffgehalt zwischen ____ und ____ %.			

b) Legierter Kaltarbeitsstahl Kennzeichen: ____			
Der Kohlenstoffgehalt liegt zwischen ____ und ____ %. Die Arbeitstemperatur der Kaltarbeitsstähle geht bis 200 °C.			

c) Legierter Warmarbeitsstahl Kennzeichen: ____			
Arbeitstemperatur bis 400 °C.			

			Legierungs-bestandteile
d) Hoch legierter Schnellarbeitsstahl (SS oder HSS) Kennzeichen: ____			
Der Kohlenstoffgehalt geht bis 1,5 %. Die Arbeitstemperatur kann bis 600 °C gehen. Die Reihenfolge der Legierungsbestandteile ist ____.			

A. Warmgewalzte Stahlbau- und Maschinenbaustähle

Der flüssige Stahl wird, bevor er zu Halbzeugen weiterverarbeitet wird, in Stahlformen (Kokillen) zu Blöcken vergossen. Bei diesem Gießvorgang nimmt der flüssige Stahl Sauerstoff und Stickstoff auf. Während der Abkühlung bewirken diese nach oben entweichenden Gase eine Verwirbelung im Stahlblock. Die im Stahl enthaltenen Elemente wie Kohlenstoff (C), Schwefel (S) und Phosphor (P) sammeln sich im Stahlkern. Dieser Entmischungsvorgang wird als Seigern bezeichnet. Man spricht von einem unberuhigt vergossenen Stahl (Symbol: G 1).

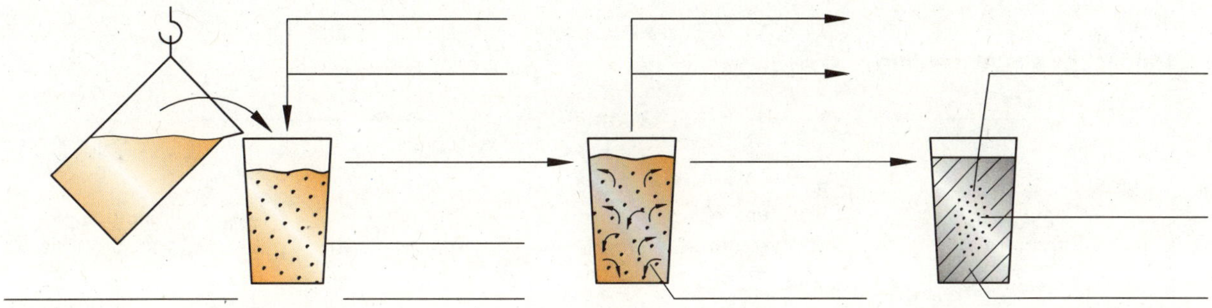

Wird der Stahlschmelze in geringen Mengen Aluminium (Al) zugesetzt, erstarrt der Stahl beruhigt (Symbol: G 2). C, S und P verteilen sich gleichmäßig im gesamten Stahlblock. Die Güte (G) des Stahls erhöht sich. Ein voll beruhigter Stahl hat das Symbol G 3.

Beispiele:

S 355 K 2 G 3: ______________________________

____

E 295 G 1: ______________________________

____

B. Kaltgewalzte Stahlbaustähle

Soll der Stahl im kaltgewalzten Zustand geliefert werden, wird der Normangabe das Zusatzsymbol + CR angefügt.

Beispiel: S 235 JR G 2 + CR

Dieser kaltgewalzte Stahl kann auch feuerverzinkt geliefert werden:
S 235 JR G 2 + CR + Z

Erklären Sie mithilfe des Tabellenbuchs folgende Zusatzsymbole.

+ A = ______	+ C= ______	+ SL = ______
+ S = ______	+ QT = ______	+ PL = ______

Im Metallbau wird neben Stahl häufig auch Aluminium verarbeitet.
Nennen Sie Gründe hierfür:

Halbzeuge aus Aluminium

Aluminium
- unlegiertes Aluminium
- legiertes Automatenaluminium
- legiertes Gussaluminium
- legiertes Knetaluminium

A. Einteilung von unlegiertem Aluminium

	Verwendung z. B.	Kurzzeichen z. B.	Al-Gehalt (%)
Reinstaluminium			
Reinaluminium			

B. Einteilung von legiertem Automatenaluminium

	Verwendung z. B.	Kurzzeichen und Werkstoff-Nr.	Legierungs-bestandteile
Legiertes Automaten-Al			

Das Legierungsmetall Blei ergibt im Aluminium kurz brechende Späne.

C. Einteilung von legiertem Gussaluminium

	Verwendung z. B.	Kurzzeichen und Werkstoff-Nr.	Legierungs-bestandteile
Legiertes Guss-Al			
Das Kennzeichen aller Al-Gusslegierungen ist AC (A = Aluminium, C = Guss).			

D. Einteilung von legiertem Knetaluminium

	Verwendung z. B.	Kurzzeichen und Werkstoff-Nr.	Legierungs-bestandteile
a) Nicht aushärtbare Al-Knetlegierung			

Das Hauptlegierungsmetall aller nicht aushärtbaren Al-Knetlegierungen ist Magnesium. Manchmal ist auch Mangan enthalten.

	Verwendung z. B.	Kurzzeichen und Werkstoff-Nr.	Legierungs-bestandteile
b) Aushärtbare Al-Knetlegierung			

Aushärtbare Al-Knetlegierungen haben neben Mangan noch zusätzliche Legierungsbestandteile:

Alle Al-Knetlegierungen haben in der Normangabe das Kennzeichen AW (A = Aluminium, W = Halbzeug).

E. Normung

Beispiele:

1. Blech DIN EN 485 – EN AW – Al 99,5 – Bl – 0,5 x 1 000 x 2 000

2. Für eine Dachdeckung wird ein Blech aus einer Al-Legierung (1 % Mn, 99 % Al) verwendet. Die Dicke beträgt 0,8 mm, die Länge 3 m, die Breite 1,5 m.

Nennen Sie weitere NE-Bleche:

A. Einteilung der Bleche

Blechdicken	Feinstbleche ($t < 0{,}5$ mm) Feinbleche ($t = 0{,}5$ bis 3 mm) Mittelbleche ($t = 3$ bis 4,75 mm) Grobbleche ($t > 4{,}75$ mm)
Größen der Blechtafeln	Kleinformat: 2000 x 1000 (l x b in mm) Mittelformat: 2500 x 1250 Großformat: 3000 x 1500 Sonderformat: 6000 x 2000
Bleche mit Musterung	Riffel-, Tränen- und Warzenbleche
Lochbleche	Lochung bis zum Blechrand Lochung bis zu den Randstreifen
Bänder (Coils)	$t = 0{,}14$ bis ca. 10 mm Breite bis 2000 mm
Drähte	verschiedene Durchmesser

B. Kaltgewalzte Stahlbleche und Bänder aus weichen Stählen (DIN EN 10130)

Kennzeichnen: DC

DC 01 ⟶ $R_{e\,max} = 280$ N/mm² – Bruchdehnung 28 %

DC 03 ⟶ $R_{e\,max} = 240$ N/mm² – Bruchdehnung 34 %

DC 05 ⟶ $R_{e\,max} = 180$ N/mm² – Bruchdehnung 40 %

Unlegierte Baustähle haben eine Bruchdehnung zwischen 10 und 20 %.
Die Bruchdehnung der Bleche mit dem Kennzeichen DC ist wesentlich größer.

Erkenntnis: ______________________________

Nennen die Verwendungsbeispiele:

____

Lieferzustand der Oberfläche

Art der Oberfläche	Ausführung der Oberfläche
Allgemeine (normale) Oberfläche Kennzeichen: A	rau r matt m glatt g besonders glatt b
Beste Oberfläche Kennzeichen: B	

Beispiele:

1. Blech DIN EN 10130 – DC 01 A–m

   DC 01: ______________________________

   A: ______________________________

   m: ______________________________

2. Ein weiches kaltgewalztes Stahlblech (DIN EN 10130) hat eine maximale Streckgrenze von 180 N/mm².
   Die Oberfläche ist rau bei bester Beschaffenheit. Das Blech ist 0,8 mm dick, 1,25 m breit und 2,5 m lang.

   Normung: ______________________________

C. Kaltgewalzte Stahlbleche und Bänder aus Stählen mit hoher Streckgrenze (DIN EN 10268)

Kennzeichen: HC
HC 260 ⟶ $R_{e\,max} = 320\ N/mm^2$
HC 300 ⟶ $R_{e\,max} = 360\ N/mm^2$
HC 260 ⟶ $R_{e\,max} = 320\ N/mm^2$
HC 420 ⟶ $R_{e\,max} = 520\ N/mm^2$
Lieferzustand der Oberfläche wie DC-Stahlbleche.

Beispiele:

1. Blech DIN EN 10268 – HC 300-B-m

   HC 300: ______

   B: ______

   m: ______

2. Ein kaltgewalztes Stahlblech hat eine Streckgrenze von 520 N/mm^2.
   Das Blech ist nach DIN EN 10268 genormt. Die allgemeine (normale) Oberfläche ist von besonders gelatter Beschaffenheit.

   Normung: ______

D. Schmelztauchveredelte verzinkte Bleche und Bänder aus weichen Stählen zur Kaltumformung (DIN EN 10346)

Kennzeichen: DX
DX 52 D ⟶ $R_{e\,max} = 300\ N/mm^2$
DX 53 D ⟶ $R_{e\,max} = 260\ N/mm^2$
DX 54 D ⟶ $R_{e\,max} = 220\ N/mm^2$
DX 56 D ⟶ $R_{e\,max} = 180\ N/mm^2$
D ⟶ Schmelztauchüberzug

Beschichtungen (Auswahl)
+ Z = Reinzink, Blechoberfläche hat Zinkblumenmuster
+ ZF = Zink (Z)-Eisen (F)-Legierung

Struktur der Beschichtung (Auswahl)
R = mattgraue Oberfläche
N = Zinkblumenmuster verschiedener Größe
M = sehr kleine Zinkblumenmusterung

Beschichtungsaufbringung in g/m^2

z. B. 325 g/m^2 ⟶ ______

Art der Oberfläche
A = kleine zulässige Fehler an der Oberfläche
B = wenige noch kleine Fehler an der Oberfläche
C = beste Beschichtung

Beispiele:

1. Blech DIN EN 10327 – DX 53 D + Z 285 – M – C

   DX 53 D: ______

   + Z: ______

   285: ______

   M: ______

   C: ______

2. Ein weiches Stahlblech (DIN EN 10346) mit einer maximalen Streckgrenze von 180 N/mm^2 hat eine Beschichtung aus einer Zink-Eisen-Legierung. Auf die mattgraue Beschichtungsoberfläche von 250 dm^2 wurden 0,8 kg aufgetragen.
   Auf 250 dm^2 = ______ m^2 ⟶ 0,8 kg = ______ g Zink

   ______ ⟶ ______

   Normung: ______

A. Jeder Körper besteht aus einer **Masse**. Bestimmt wird sie mit der Balkenwaage und ist vom Ort unabhängig.

Formelzeichen: ______ Maßeinheit: ______

B. Wird die Masse auf ein Volumen bezogen, so spricht man von Dichte.

Formelzeichen: ______ Maßeinheit: ______

$\varrho =$

Die Dichte der Stoffe kann Tabellen entnomen werden:

Werkstoff	Dichte (kg/dm³)
Aluminium	______
Unlegierter Stahl	______
Kupfer	______
Titan	______

C. Jede Masse unterliegt der Anziehungskraft der Erde: ______
Bestimmt wird sie mit der Federwaage und ist vom Ort abhängig.

Formelzeichen: ______ Maßeinheit: ______

$F_G =$ (N)

m in ______
$g = 9{,}81 \approx 10$

1. Aufgabe:

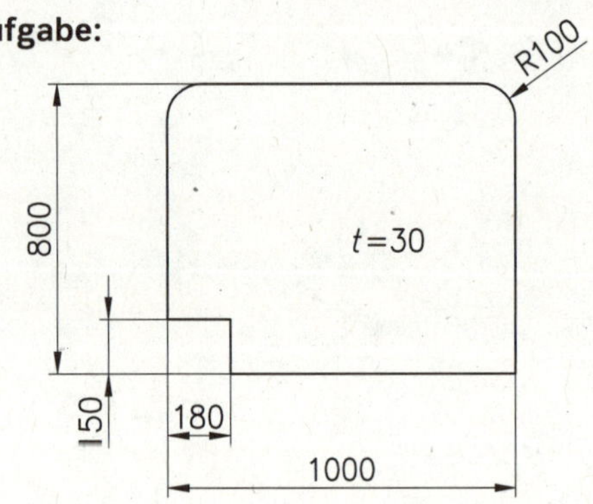

Die skizzierte Platte aus S 355 K2 wurde durch autogenes Brennschneiden gefertigt.
Berechnen Sie die Masse (in kg) und die Gewichtskraft (in kN).

2. Aufgabe: Zur Beschickung einer automatischen Fertigungsanlage wird der skizzierte aufgewickelte Stahlblechstreifen (Coil) aus DC 04 verwendet. Die Gewichtskraft des Coils beträgt 60,095 kN.
Wie viel Meter Blech sind aufgewickelt?

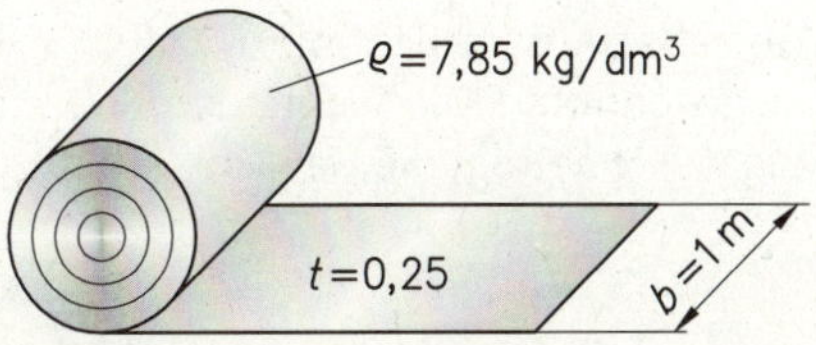

3. Aufgabe: Mit einem Gabelstapler werden 7 Blechtafeln in die Fertigungshalle transportiert. Daraus sollen Warmschermesser (55 Ni Cr Mo V 7) gefertigt werden. Die Blechtafeln sind 2 x 1 m groß und 8 mm dick. Die Dichte des legierten Stahls beträgt 7,91 t/m^3.
Berechnen Sie die Gewichtskraft (in N) der 7 Blechtafeln.

4. Aufgabe: Aus Al-Grobblech (Al Cu 4 Mg 1) wird durch Wasserstrahlschneiden das gezeichnete Werkstück ausgeschnitten. Die Dichte der Al-Legierung beträgt 2,72 g/cm^3.
Wie viel N beträgt die Gewichtskraft?

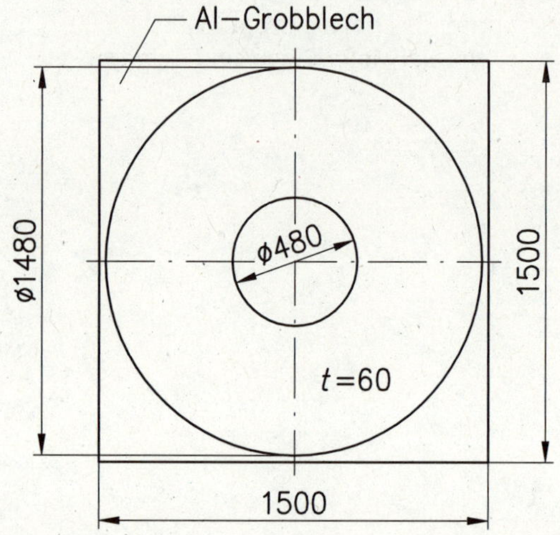

Blechbedarf bei Abwicklungen

A. Pyramidenförmige Abwicklungen

Für die Handwerksmesse erhält ein quadratischer Pavillon das skizzierte Dach aus Kupferblech.
Berechnen Sie die Maße für die Abwicklung und zeichnen Sie diese im Maßstab 1:25.

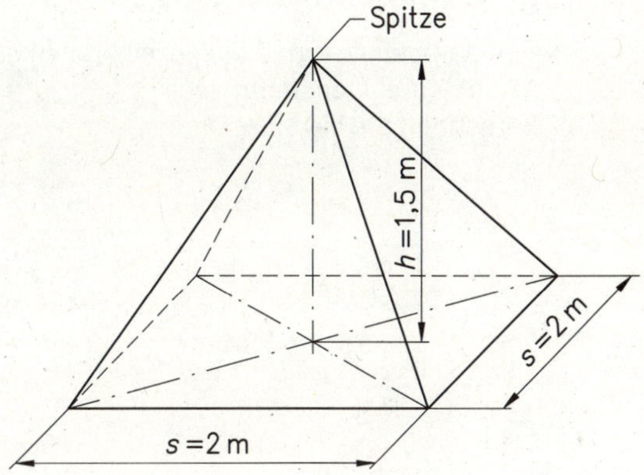

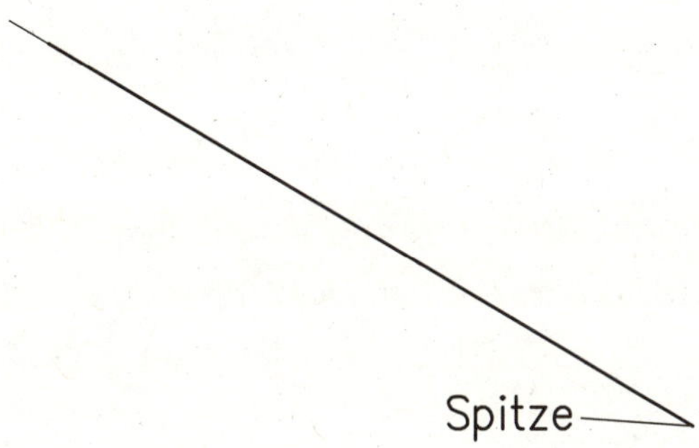

Konstruktionsmechanik	Datum:	Herstellen von Baugruppen aus Blechen	Lernfeld 5
Name:	Klasse:	*Abwicklungen*	6

B. Kegelförmige Abwicklungen

Eine Reklamesäule erhält die gezeichnete kegelförmige Dachhaube aus Aluminiumblech.

a) Berechnen Sie die Mantelhöhe.

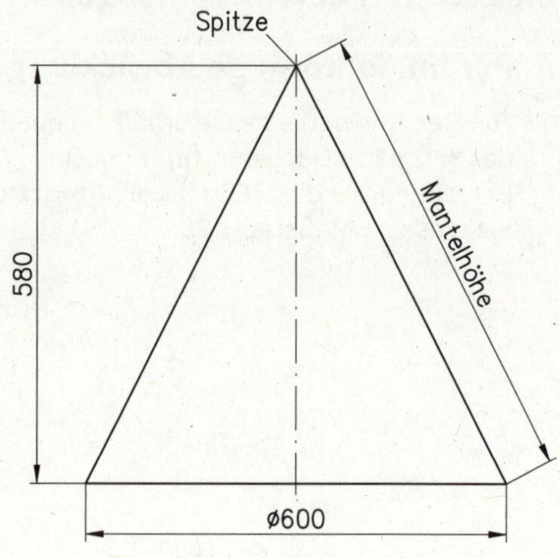

b) Fertigen Sie eine Skizze der Abwicklung im Maßstab 1:10.

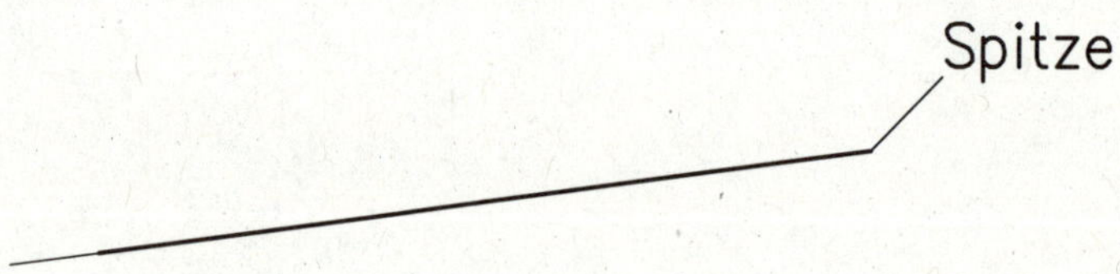

c) Mit der Mantelhöhe allein können Sie die Abwicklung nicht zeichnen.

Es fehlt die Größe des ______________ .

Keilschneiden

Beim Keilschneiden wird das Werkstück von Schneiden zerteilt.

Wir unterscheiden:

Messer-Schneiden	Beiß-Schneiden
Anzahl der Schneiden:	Anzahl der Schneiden:
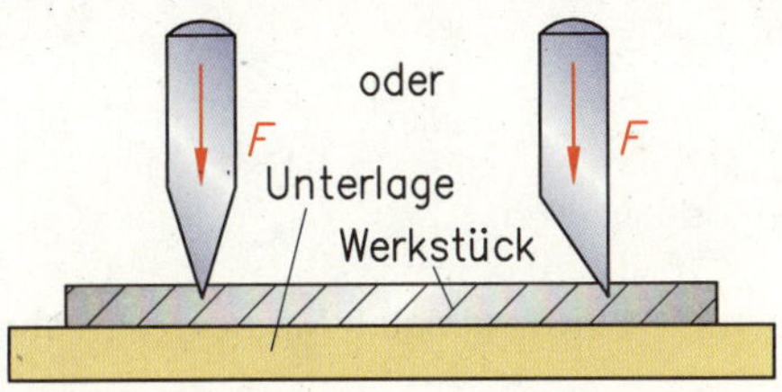	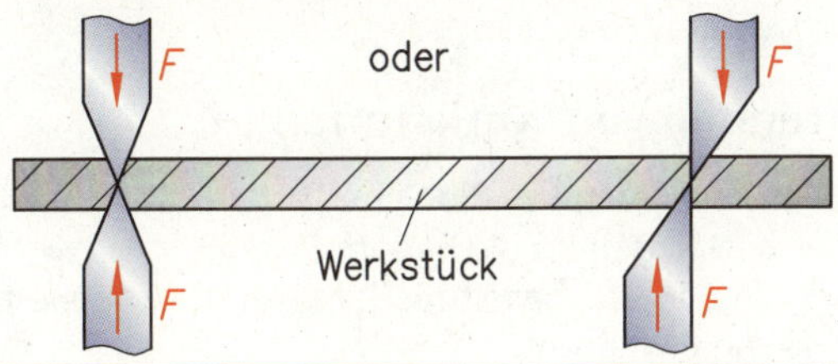
Werkzeuge:	Werkzeuge:
Nachteil:	Nachteil:

Werkzeuge zum Hand-Messer-Schneiden:

Innenform lochen	Außenform ausschneiden	Innen- und Außenform-lochschneiden vom Hartgummi
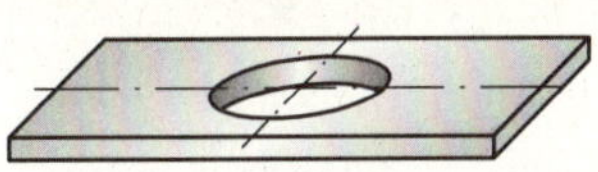	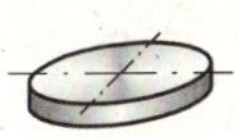	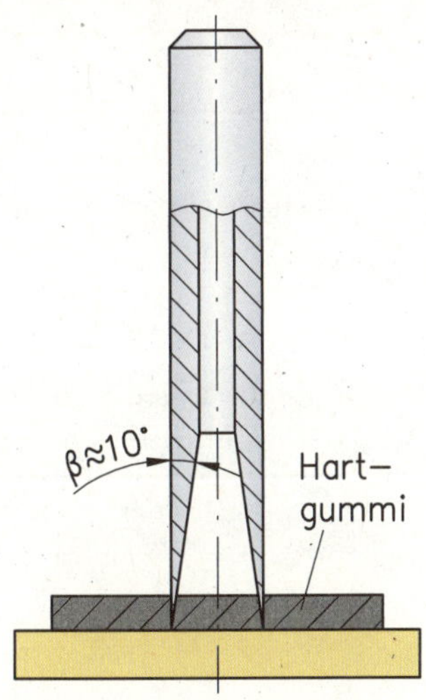
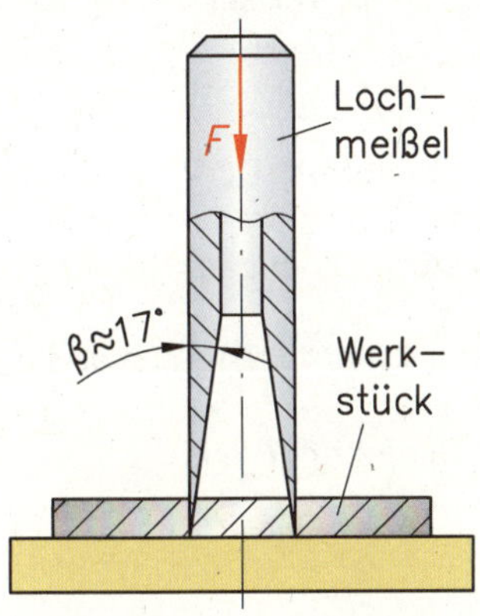	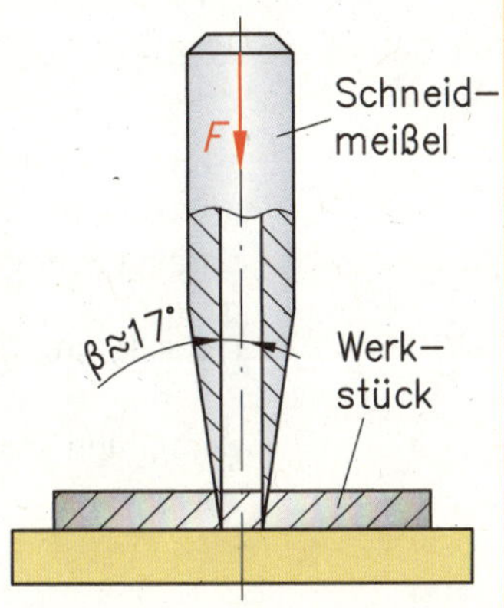	
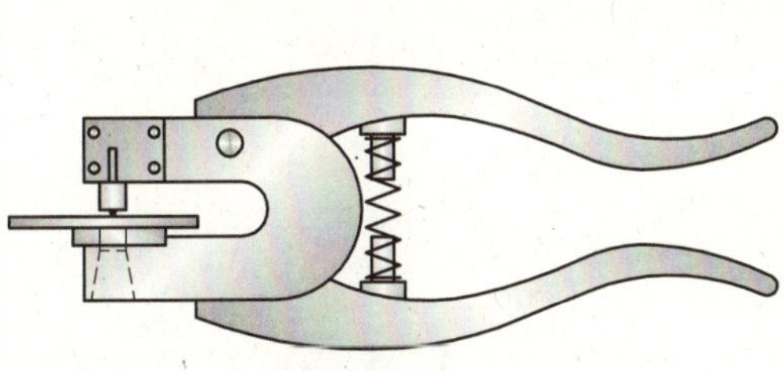 Hand-Lochstanze	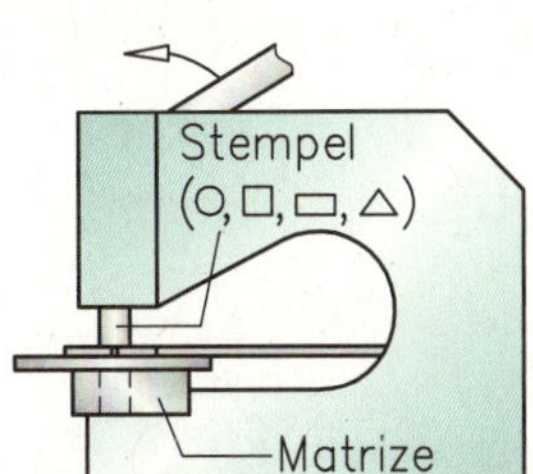 Hebel-Lochstanze	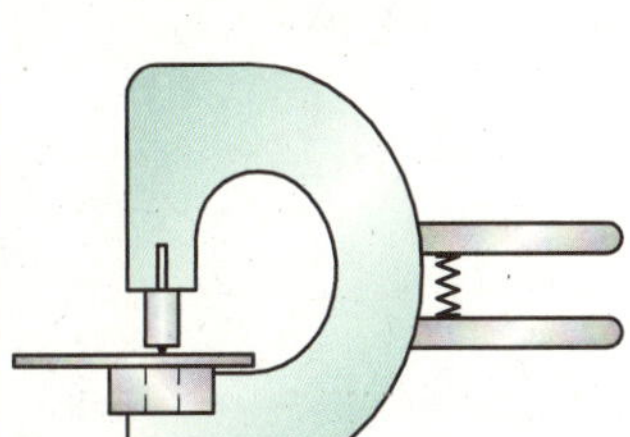 Dachrinnen-Lochstanze

Messerschneidwerkzeuge für Dichtringe

Zum Herstellen von Dichtringen können Hand- oder Maschinenwerkzeuge verwendet werden.

Unfallverhütung: Der Abstand des Maschinenwerkzeugs zur Werkstückoberfläche darf nicht größer als 8 mm sein!

Werden Werkstoffe auf Abscherung beansprucht, ergeben sich zwei Möglichkeiten:

- Der beanspruchte Werkstoff darf **nicht getrennt** werden,

  z. B. ______________________________.

- Der Werkstoff **muss getrennt** werden,

  z. B. ______________________________.

Scherschneiden

A. Trennen von Werkstoffen

Beim Trennen muss die Scherfestigkeit des Werkstoffs überwunden werden.
Formelzeichen für die Scherfestigkeit: $\tau_{a\,B}$ (τ = tau)
Ist die Scherfestigkeit nicht bekannt, kann sie bei Metallen mithilfe der maximalen Mindestzugfestigkeit $R_{m\,max}$ errechnet werden:

$$\tau_{a\,B\,max} \approx R_{m\,max} \cdot 0{,}8$$ (N/mm²) $R_{m\,max}$ in N/mm²

B. Schneidkraft

Wie viele kN Schneidkraft sind aufzubringen, um einen Werkstoff mit 240 N/mm² maximaler Scherfestigkeit zu trennen, wenn die Scherfläche 800 mm² beträgt?

Geg.: ______________________________

Ges.: ______

Für 1 mm² ⟶ ______ N

für ______ mm² ⟶ ______ = ______ N = ______ kN

$F =$ ______________ (N)

A in ______

$\tau_{a\,B\,max}$ in ______

1,2 = Berücksichtigung für die Werkzeugabnutzung

Die Fläche A wird manchmal auch mit dem Buchstaben S abgekürzt.

1. Aufgabe:

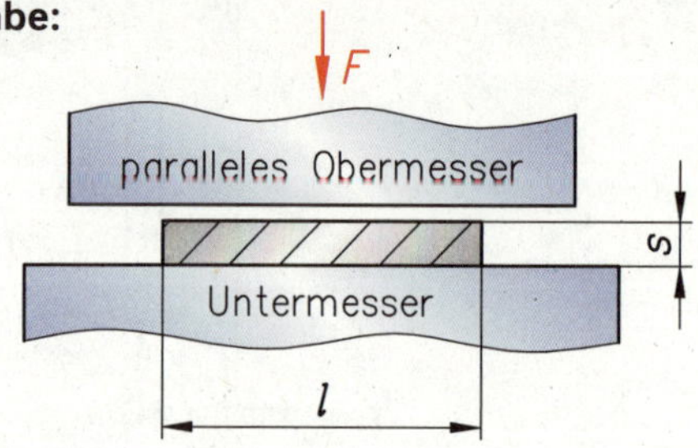

Ein kaltgewalztes Stahlblech (DC 04) hat eine Zugfestigkeit $R_{m\,max}$ von 350 N/mm² und wird durch ein parallel zum Werkstück laufendes Obermesser getrennt.
Die Schnittlänge l ist 1,2 m, die Blechdicke s beträgt 1,5 mm.
Berechnen Sie die Scherkraft F in kN.

2. Aufgabe:

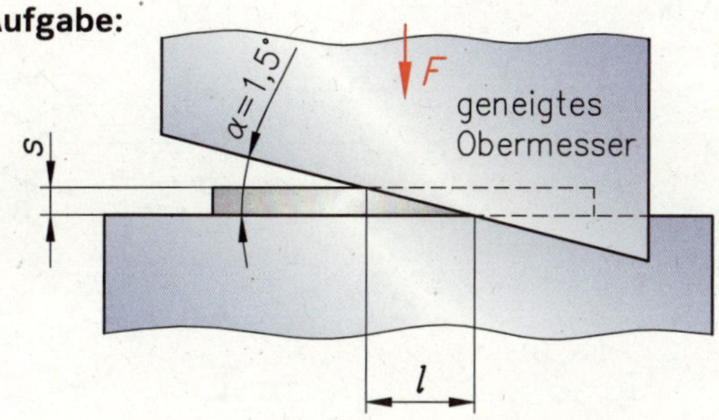

Das Stahlblech der 1. Aufgabe soll mit einem geneigten Obermesser getrennt werden.
Berechnen Sie wieder die Scherkraft *F* in kN und vergleichen Sie die beiden Ergebnisse.

Erkenntnis:

3. Aufgabe: Ein aushärtbares Blech aus einer Aluminium-Knetlegierung (Al Cu 4 Pb Mg) hat eine Zugfestigkeit von 370 N/mm^2. Das Blech soll auf eine Länge von 2,15 m ageschert werden. Die Maschinenschere arbeitet mit einem Parallelschnitt.
Wie groß ist die erforderliche Scherkraft *F* in MN?

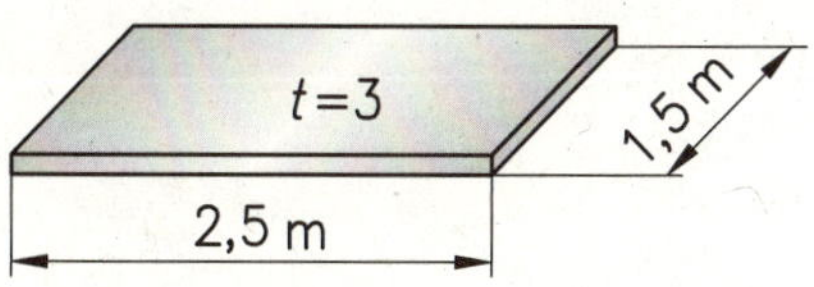

4. Aufgabe: Die skizzierte Scheibe für eine HV-Schraube M 20 (DIN EN 14399-6) soll maschinell in einem Arbeitsgang aus Stahlblech ausgeschnitten und gelocht werden. Die Zugfestigkeit der Scheibe beträgt 580 N/mm².
Berechnen Sie die Schneidkraft in kN. Entnehmen Sie Außendurchmesser, Lochdurchmesser und Scheibendicke dem Tabellenbuch.

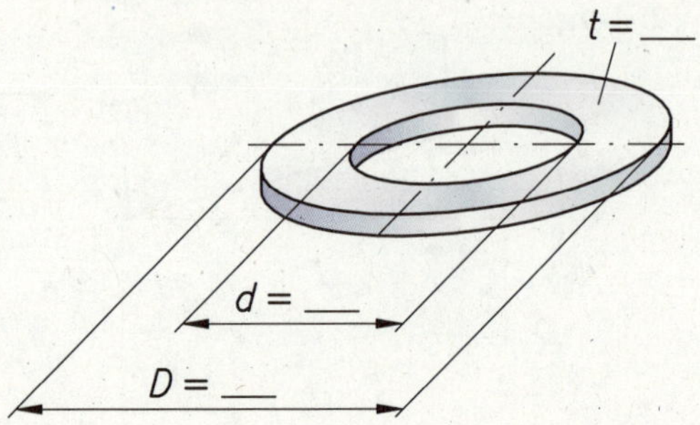

5. Aufgabe: Stahlblech DX 53 D+ZF hat die Zugfestigkeit $R_{m\,max}$ von 380 N/mm². Mit einer elektrischen Handnibbelmaschine soll Blech getrennt werden. Der bewegliche Stempel schneidet bei jedem Hub den skizzierten Nibbelspan aus:

a) Berechnen Sie bei jedem Nibbelhub die Scherfläche in mm².
b) Wie viel kN beträgt dabei die Schneidkraft?

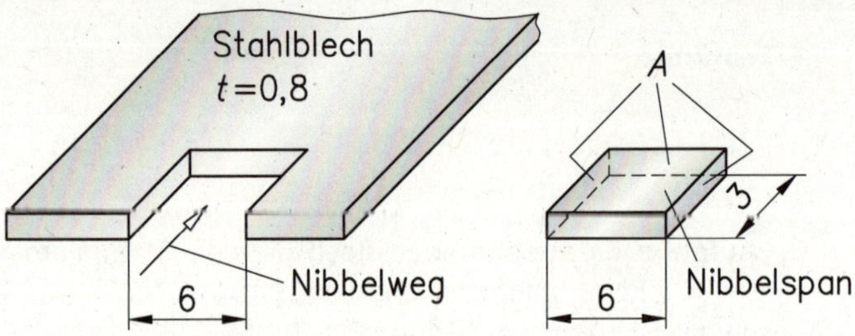

Durch thermisches Trennen werden Werkstoffe zerteilt oder Formen ausgeschnitten.

Nennen Sie Beispiele für das thermische Trennen.

A. Autogenes Brennschneiden

Beim autogenen Brennschneiden wird der Stahl auf Zündtemperatur gebracht und dann in reinem Sauerstoff sehr schnell verbrannt. Die flüssigen Oxide werden durch den Sauerstoffstrahl aus dem Schnitt herausgeblasen. Durch das Bewegen des Schneidbrenners entsteht eine Schnittfuge.

1. Voraussetzungen für das autogene Brennschneiden

a) Der Werkstoff muss in reinem Sauerstoff brennbar sein.
b) Die Entzündungstemperatur des Werkstoffs muss niedriger als die Schmelztemperatur sein.
c) Die Wärmeableitung des Werkstoffs muss gering sein.

Nennen Sie Werkstoffe, welche diese Voraussetzungen erfüllen.

Brennschneidbarkeit unlegierter Stähle

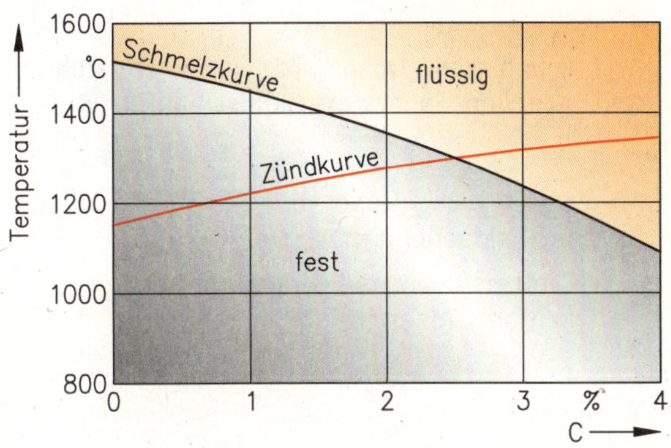

a) In welchem Bereich muss der Kohlenstoffgehalt der Stähle liegen, damit sie durch Brennschneiden getrennt werden können?
Tragen Sie die Markierung in das Diagramm ein.

b) Ist Gusseisen mit Lamellengraphit (z. B. EN-GJL-200) durch das autogene Brennschneiden trennbar?

a)

b)

2. Handschneidbrenner

Schematische Darstellung

Ordnen Sie die aufgeführten Benennungen der Skizze zu:
Brenngasventil, Schneiddüse, Schneidsauerstoff, Brenngas (z. B. Acetylen), Brenngas-Sauerstoff-Gemisch, Heizsauerstoff, Schneidsauerstoffventil, Sauerstoff, Heizsauerstoffventil.
Zeichnen Sie den Gasdurchgang farbig in die Skizze ein.

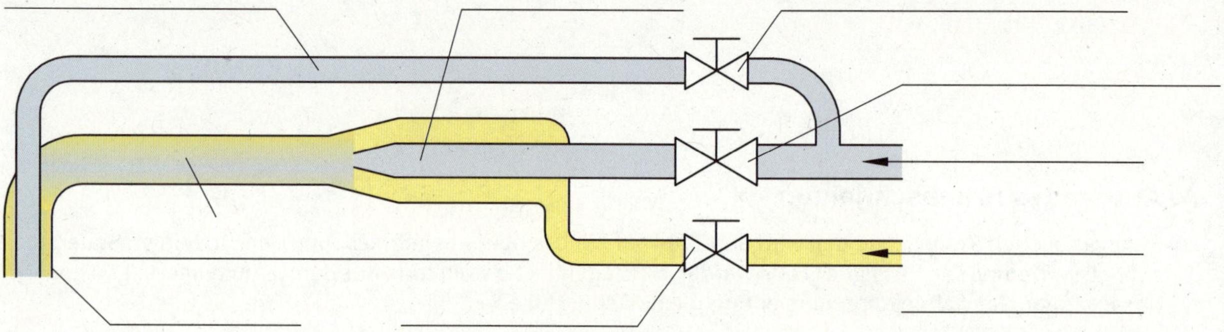

Schneidbrennerausführungen

a) ______________ -Schneidbrenner

b) ______________ -Schneidbrenner (anstelle des Schweißeinsatzes wird der Schneideinsatz am Griffrohr befestigt).

3. Schneiddüsen

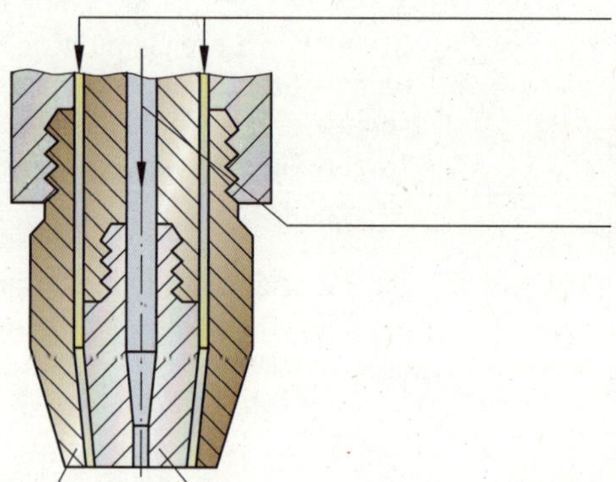

Der Schneidbrenner besitzt zwei Düsen:

1. ______________ -Düse
Durch diese Düse wird die Schneidstelle mit dem Acetylen-Sauerstoff-Gemisch aufgeheizt.

2. ______________ -Düse
Durch diese Düse wird der Werkstoff durch den Schneidsauerstoff verbrannt.

Die Leistung des Schneidbrenners ist von der Düsenform abhängig.

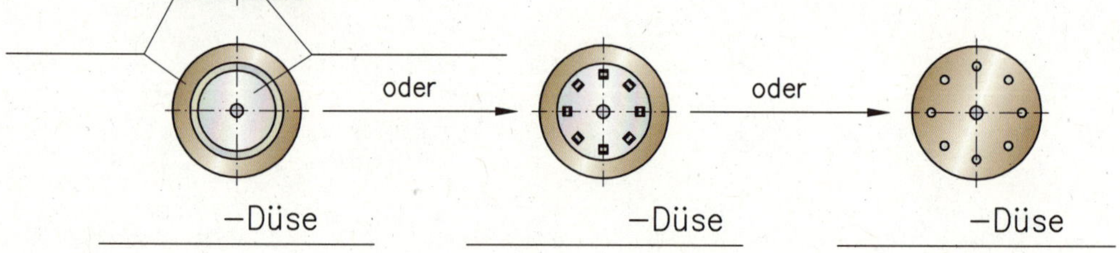

Schneiddüsen, die in der Mitte den Schneidsauerstoff zuführen, können in alle Richtungen Brennschnitte durchführen.
Die Qualität des Brennschnitts ist abhängig:

a) von der Heizflammen- ______________ ($C_2H_2 + O_2$),

b) vom Sauerstoff- ______________ (bar),

c) von der Schneid- ______________ (mm/min),

d) vom ______________ der Schneiddüse zum Werkstück (mm),

e) vom einwandfreien Zustand der ______________ .

4. Hilfsmittel

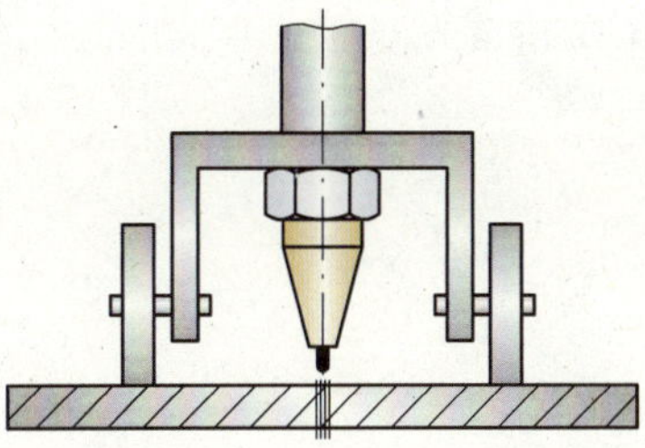

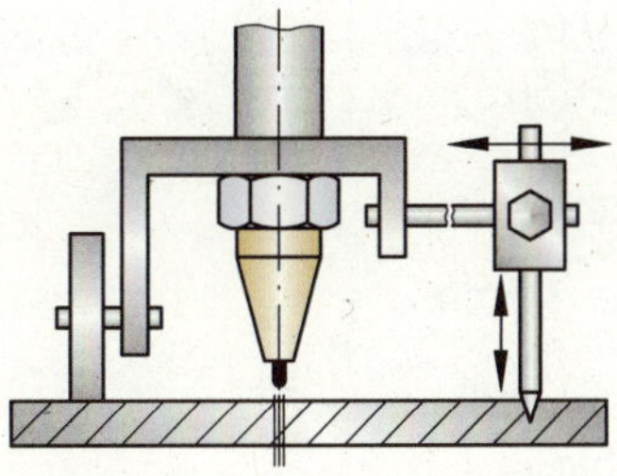

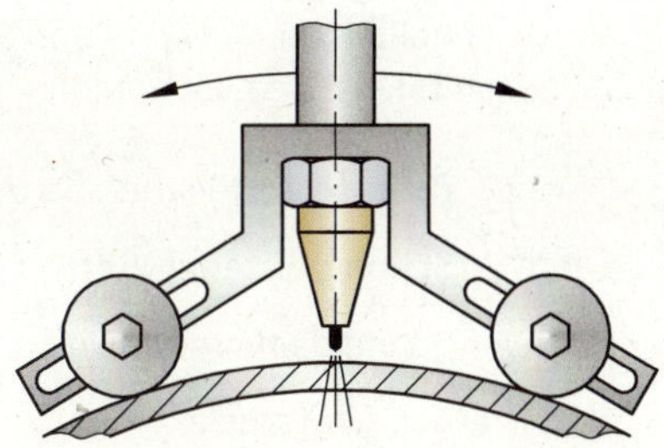

5. Einfluss der Schneidgeschwindigkeit

Beurteilen Sie die skizzierten Brennschnitte.

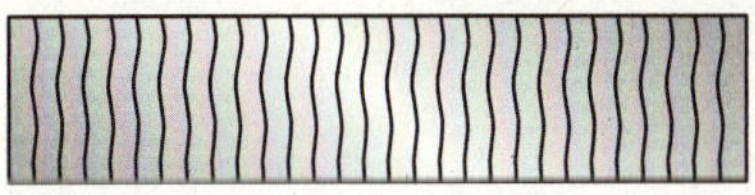

Schneidgeschwindigkeit

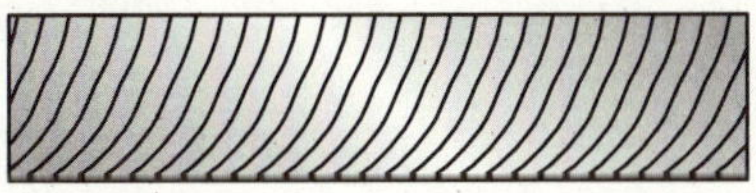

Schneidgeschwindigkeit

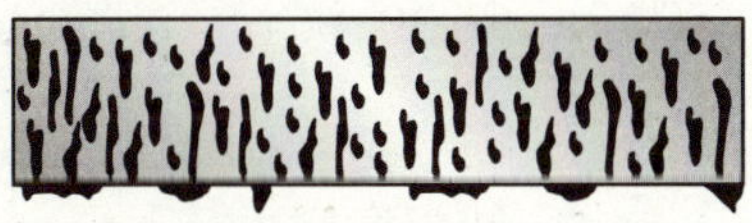

Schneidgeschwindigkeit

6. Maschninelles Brennschneiden

Verfahren: a) Magnetrollensteuerung
b) Fotoelektrische Steuerung
c) CNC-Steuerung

Nennen Sie Vorteile des maschinellen Brennschneidens gegenüber dem handgeführten.

7. Fugenhobeln (Brennfugen)

Ein Fugenhobel ist ein Schneidbrenner mit Spezialdüse. Mit ihm werden muldenförmige Fugen (Ausarbeitungen) in die Werkstückoberfläche gebrannt.

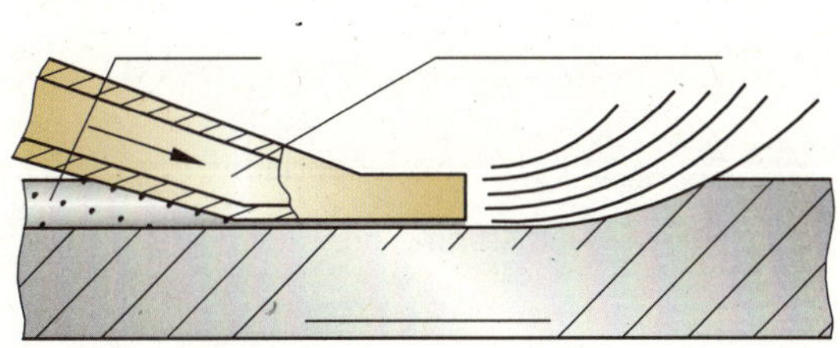

Beispiele für die Anwendung:

8. Beachte

a)

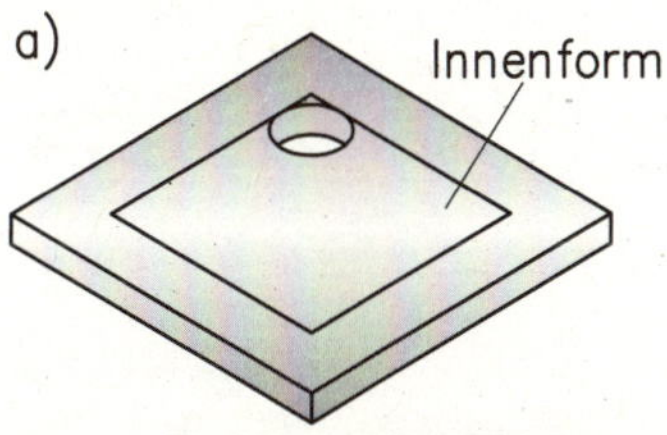

b)

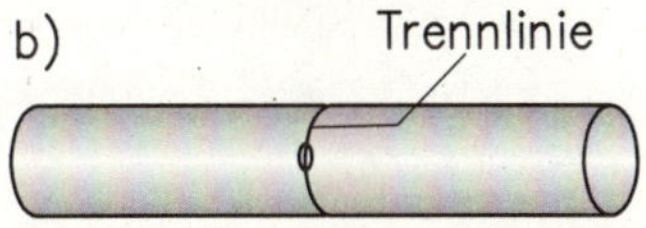

Beim Schneiden einer Innenform immer eine Bohrung (z. B. 10 mm Ø) anbringen.
Das Lochstechen mit dem Schneidbrenner erfordert viel Übung und Erfahrung.

Zum besseren Anschneiden runder Teile können mit dem Flachmeißel Kerben angebracht, mit der Dreikantfeile angefeilt oder mit dem Winkelschleifer angeschnitten werden.

9. Aufgabe

Von einem unlegierten warmgewalzten Flachstahl (DIN EN 10058 – 150 x 8 – S 235 JR) sollen durch Brennschneiden mit Acetylen und Sauerstoff kurze Stücke abgetrennt werden. Der Flachstahl hat durch die Lagerung im Freien eine gleichmäßige Flächenkorrosion.

a) Bestimmen Sie mithilfe des Tabellenbuchs

Schneiddüsengröße: ________ mm

Schneidsauerstoffdruck: ________ bar

Acetylendruck: ________ bar

Gesamtsauerstoffverbrauch zum Heizen und Schneiden: ________ m^3/h

Acetylenverbrauch: ________ m^3/h

Schneidgeschwindigkeit: ________ m/min

Die Lösungen gelten für 8 mm Werkstoffdicke.

b) Beschreiben Sie die einzelnen Arbeitsstufen.
Oberflächenvorbereitung:

Montieren der richtigen Schneiddüse:

Größe ________

Handschneidbrenner und Führungswagen anbringen.

Schneidbrennereinstellung:

Acetylendruck: ________ bar

Sauerstoffdruck: ________ bar

Nach Öffnen des Schneidsauerstoffventils, falls nötig, die Heizflamme nachstellen.

Zunderentfernung:

Abstand Heizflammenende bis Werkstückoberfläche: ________ mm.

Mit der Heizflamme die Anschnittstelle erhitzen.

Glühfarbe: ________

Trennschnitt:

c) Vergrößern oder verringern Sie den Gasdruck, das Abstandsmaß und die Schneidgeschwindigkeit, setzen Sie verschiedene Schneiddüsengrößen ein.

Beurteilen Sie die Güte der Schnitte.

B. Plasmaschneiden

Brennschneidbare Stähle und Metalle, die autogen nicht brennschneidbar sind (z. B. Al, Cu, legierte Stähle) können durch einen Plasmastrahl getrennt werden.
Unter Plasma versteht man ein elektrisch leitendes Gas aus ungebundenen Ionen und Elektronen:

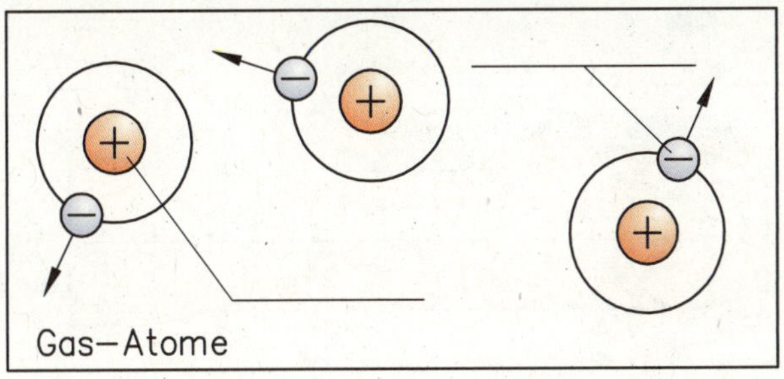

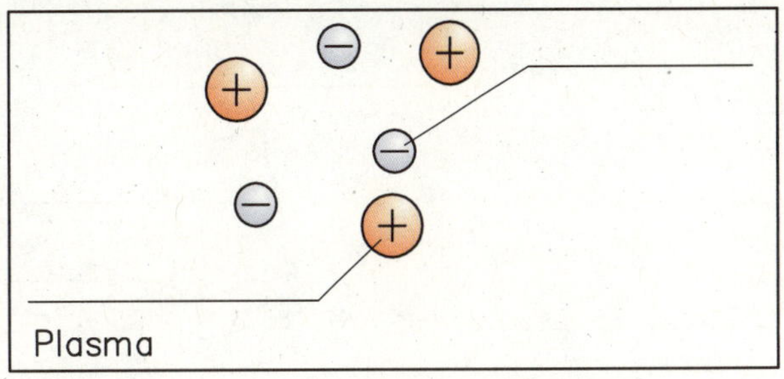

Plasmaschneidgase: Argon, Neon, Helium, Stickstoff, Wasserstoff, Mischgase. Für Kleingeräte wird Luft als Schneidgas verwendet.

Das Plasmaschneiden kann von Hand oder maschinell ausgeführt werden.

Vorteile:
1.
2.
3.
4.

Nachteile:
1. Begrenzte Werkstoffdicke (25–40 mm)
   Leistungsstarke Geräte können bis 120 mm schneiden
2. Großer Energieverbrauch
3. Giftige Abgase müssen abgesaugt werden

Vergleich:

<table>
<tr><th>WIG-Schweißen</th><th>Plasma-Schweißen</th><th>Plasma-Schneiden</th></tr>
<tr><td>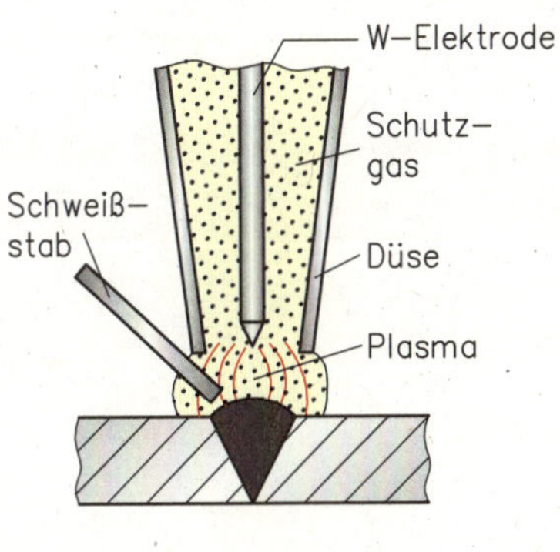
</td><td>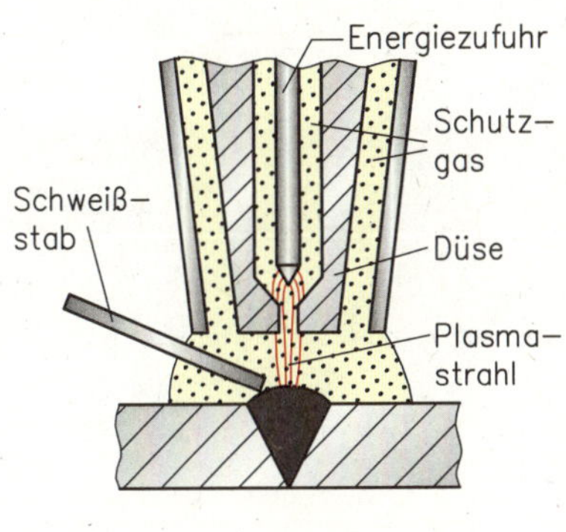
</td><td>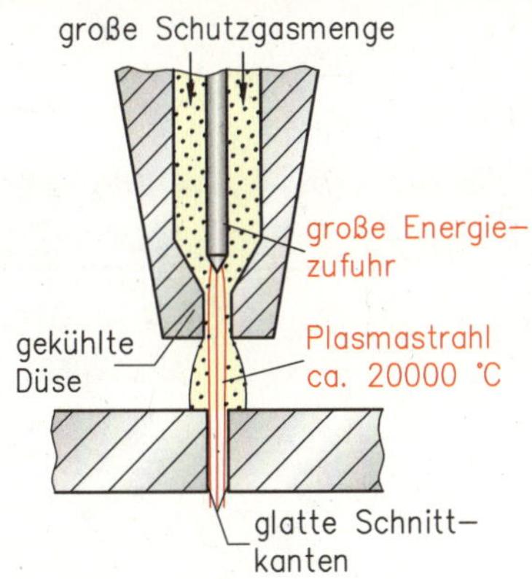
</td></tr>
<tr><td></td><td></td><td></td></tr>
</table>

Konstruktionsmechanik	Datum:	Herstellen von Baugruppen aus Blechen	Lernfeld 5
Name:	Klasse:	*Thermisches Trennen*	8

Aufbau des Plasmaschneidbrenners

Ordnen Sie zu: Brennerschalter, Abstandshülse, Plasmadüse (Schneiddüse), Handgriff, Abstandsdüse, Brennerkörper, Abstandsdüsenträger, Elektrode.

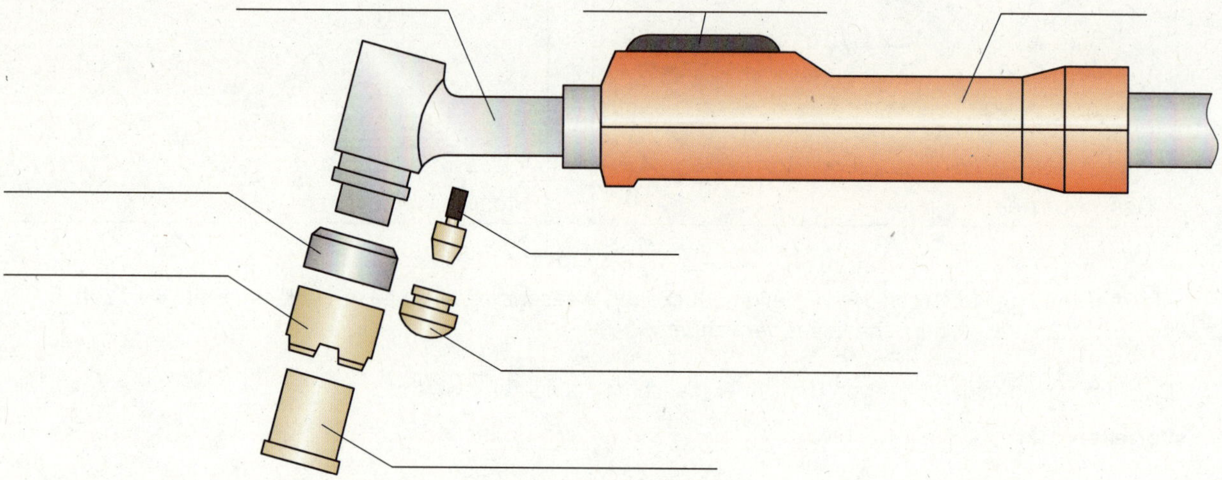

Beurteilen Sie die skizzierten Schneidfugen, wenn Stahlbaustahl, legierter rostfreier Edelstahl oder Aluminium geschnitten wurde.

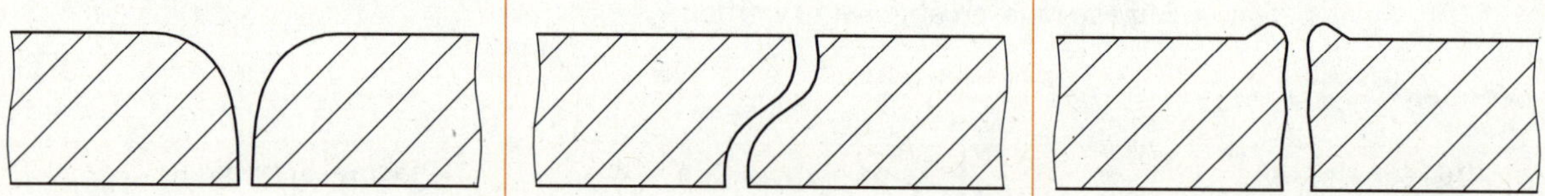

C. Laserstrahlschneiden

Durch Laserschneiden können beliebige metallische Werkstoffe bis ca. 10 mm Dicke und nicht metallische Werkstoffe bis ca. 30 mm Dicke getrennt werden.
Unter einem Laser versteht man einen energiereichen gebündelten Lichtstrahl. Es entstehen sehr hohe Temperaturen, der Werkstoff wird zum Schmelzen gebracht und das flüssige Material mit einem Schneidgas aus der Schneidfuge geblasen.

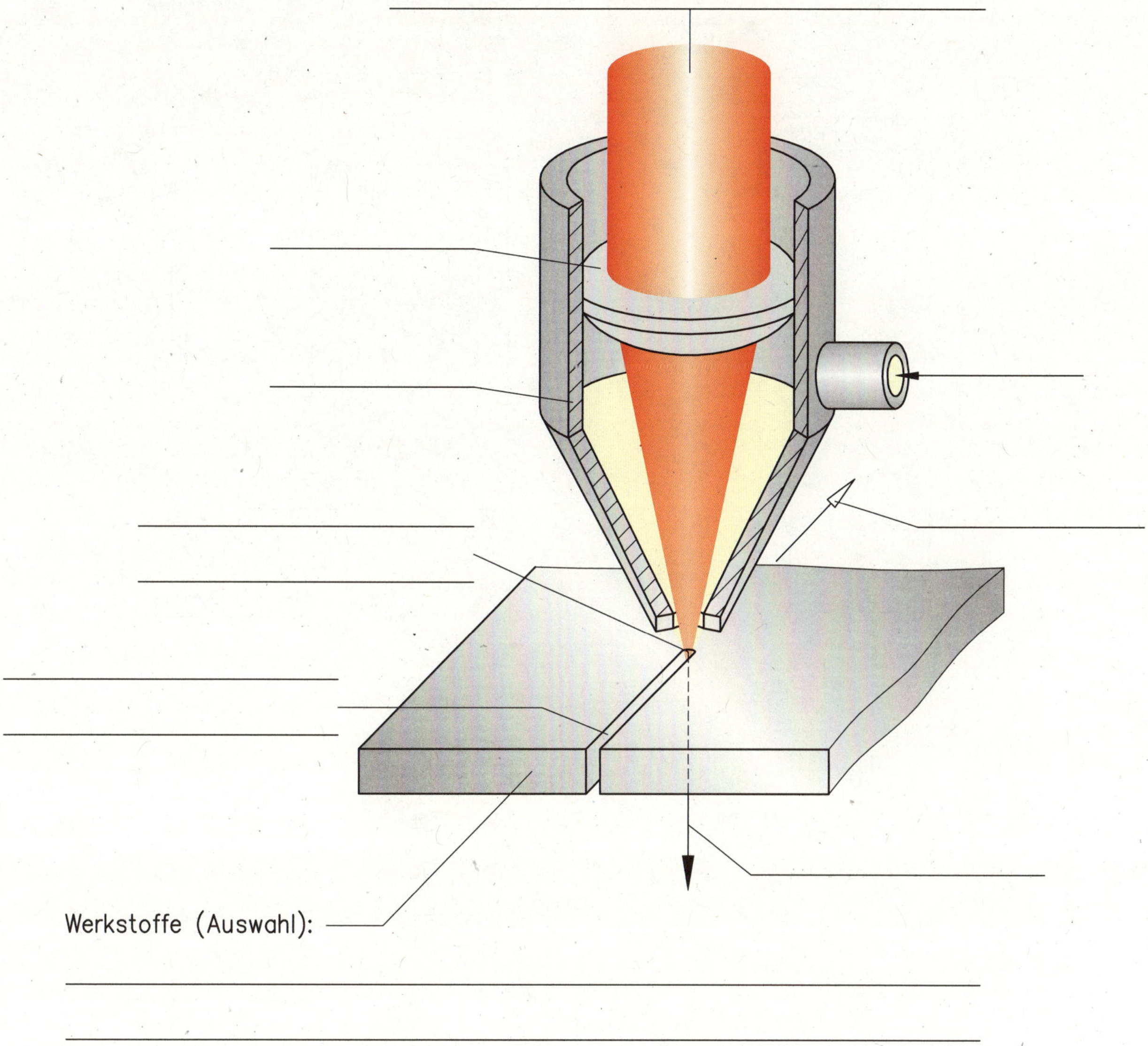

Vorteile:

Nachteile:

D. Wasserstrahlschneiden

Schneidvorgang

Wasser wird auf etwa 4 000 bar verdichtet. Dieses Druckwasser schießt mit einer Geschwindigkeit von ca. 900 m/s = ______ km/h durch eine Edelsteindüse auf den zu trennenden Werkstoff.

Schneidverfahren

Reines Wasserstrahlschneiden	**Abrasiv-Wasserstrahlschneiden** Abrasion (lat.) = Abtragung
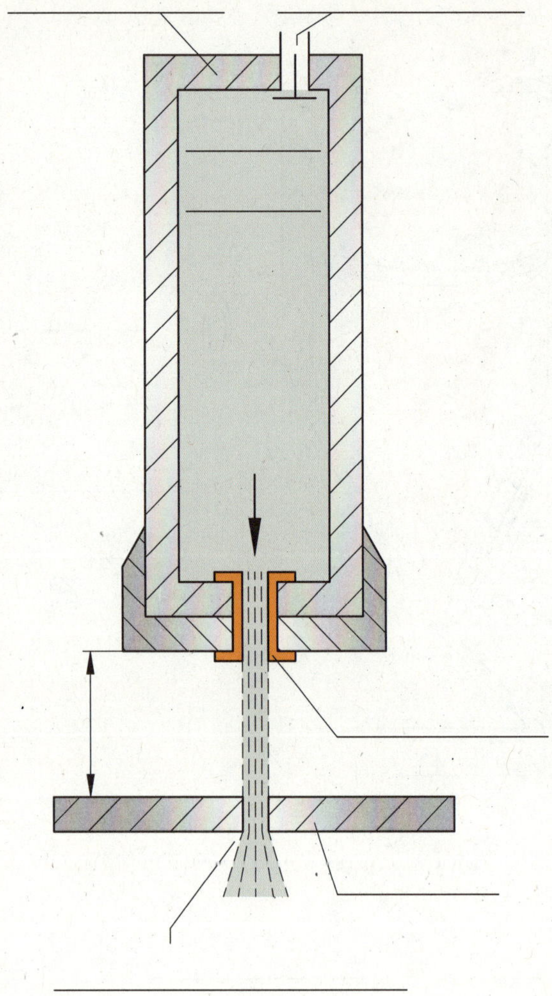	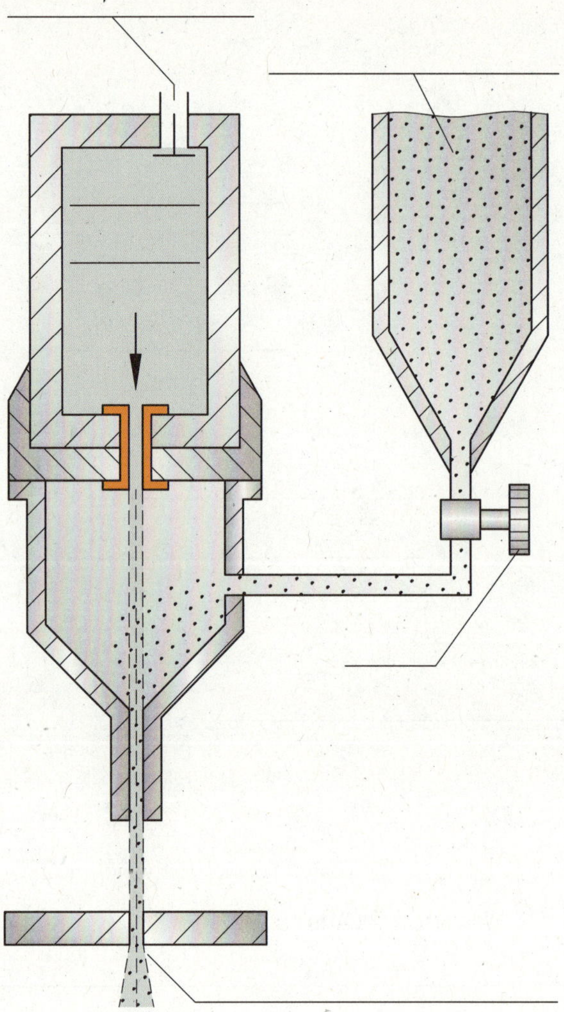

Vorteile:

Nachteile:

Trennbare Werkstoffe beim reinen Wasserstrahlschneiden:
Textilien, Gummi, Schaumstoffe, Thermoplaste

Abrasiv-Wasserstrahlschneiden:
Keramik, Steine, Metalle und ihre Legierungen, Glas, alle Kunststoffe, Verbundwerkstoffe, z. B. GFK

Beurteilen Sie die Härte der Werkstoffe.

A. Brennschneiden

8 mm dicker unlegierter Baustahl ist durch Brennschneiden zu zerteilen. Die Trennlänge beträgt 3,2 m, davon werden 50 Stück gefertigt.

a) Wie lang (Stunden, Minuten) dauert der Trennschnitt?
b) Wie viel m^3 Gesamtsauerstoff und wie viel m^3 Acetylen werden für diese Arbeit verbraucht?
c) Wie hoch sind die Gaskosten, wenn für 1 m^3 Sauerstoff 5,10 € und je m^3 Acetylen 9,70 € bezahlt werden?

Gasverbrauch und Schneidgeschwindigkeit für unlegierten Baustahl

Blechdicke (mm)	Gesamtsauerstoff-verbrauch (m^3/h)	Acetylen-verbrauch (m^3/h)	Schneidgeschwindigkeit *v* (m/min)	
			Trennschnitt	Qualitätsschnitt
5	1,7	0,25	0,85	0,70
8	1,9	0,30	0,80	0,65
10	2,1	0,35	0,75	0,60
20	3,0	0,40	0,65	0,45

Geg.: ____________________

Ges.: a) __________ b) __________ c) __________

Aufgabe: Zur Herstellung eines Qualitätsschnitts an 20 mm dickem unlegiertem Baustahl benötigt ein Metallbauer 18 Minuten.

a) Wie hoch sind die Gaskosten (Sauerstoff: 5,25 €/m^3, Acetylen: 9,90 €/m^3)?
b) Wie hoch sind die Gaskosten je m Schnittlänge?

B. Plasmaschneiden

Ein 5 mm dicker Flachstahl aus X 5 Cr Ni 18–10 soll durch Plasmaschneiden getrennt werden. Die Schneidlänge an den 50 Werkstücken beträgt jeweils 1 040 mm. Als Schneidgas wird Argon verwendet. Die Plasmaschneidanlage hat eine Lichtbogenleistung von 12 kW, der Schneiddüsendurchmesser beträgt 1,2 mm.

a) Wie viele Minuten dauert das Trennen der Werkstücke?

b) Wie hoch sind die Kosten für diesen Auftrag? Für Lohn- und Maschinenkosten werden stündlich 84,00 € berechnet.

c) Wie viel Liter Argon werden bei dieser Schneidarbeit verbraucht?

Schneidgeschwindigkeit und Argonverbrauch für hoch legierte Stähle

Lichtbogenleistung 12 kW, Schneiddüsendurchmesser 1,2 mm			
Materialdicke (mm)	Schneidgeschwindigkeit *v* (m/min)		Argonverbrauch (m^3/h)
	Trennschnitt	Qualitätsschnitt	
4	2,4	1,4	0,6
5	2,0	1,1	0,65
10	0,95	0,65	1,2

Geg.: ______________________

Ges.: a) ________ b) ________ c) ________

C. Laserstrahlschneiden

Aus einem Blech EN 10051 – 3 x 1200 x 2000, Stahl EN 10025 – S 355 JR sollen durch CNC-Laserstrahlschneiden 15 Ronden mit 396 mm Durchmesser ausgeschnitten werden. Die Laserleistung beträgt 1,5 kW, die Schnittbreite 0,15 mm.

a) Wie viel Millimeter ist der Schnittfugenweg für 15 Ronden?

b) Berechnen Sie die Schneidzeit (in Minuten) für 15 Ronden.

c) Wie hoch sind die Gesamtkosten für diesen Auftrag? Je Stunde werden 72 € berechnet, je Meter Laserstrahlschneiden 7 €.

Maschinendaten: Laserleistung 1,5 kW Linsenbrennweite 5" Schnittfugenbreite 0,15 mm	**Unlegierter Stahl**					
	Blechdicke (mm)					
	1	2	3	4	5	6
Schneidgeschwindigkeit *v* (m/min)	8,5	5,0	3,8	3,0	2,5	2,0
Schneidgas	Sauerstoff					
Schneidgasdruck (bar)	1,5 bis 3,5					

Geg.:

Ges.: a) b) c)

Beim Kaltbiegen von Blechen werden die Werkstofffasern am Außenradius gestreckt, am Innenradius gestaucht. In der Werkstoffmitte treten keine Spannungen auf; es handelt sich um die neutrale Faser.

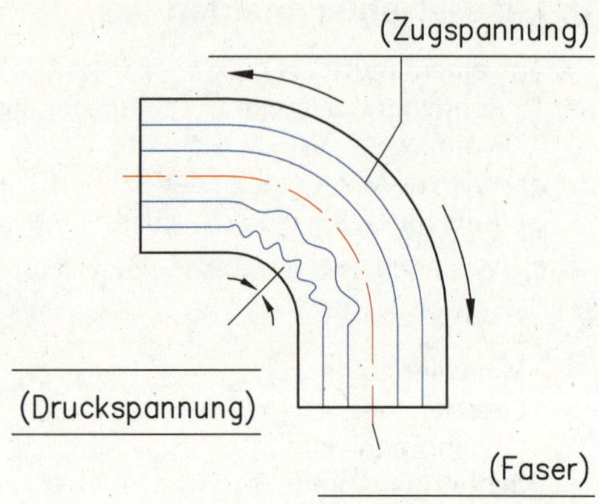

Der Biegewiderstand ist abhängig von:

– ______________________ (S 235 JR, C 45)

– ______________________ ()

– ______________________ ( oder )

– ______________________ ($r = 20$ mm, $r = 100$ mm)

Der Biegeradius ist von der Blechdicke, vom Werkstoff und dem Dehnungsvermögen des Werkstoffs abhängig.

Merke: Dicker Werkstoff ⟶ ______________________

Dehnbarer Werkstoff ⟶ ______________________

Immer quer zur Walzrichtung biegen.

Mögliche Folgen beim Kaltbiegen mit zu kleinem Biegeradius:

____

A. Schwenkbiegen von Blechen

Das geradlinige Abkanten von Blechen mit sehr kleinen Biegeradien wird mit der Schwenkbiegemaschine durchgeführt.

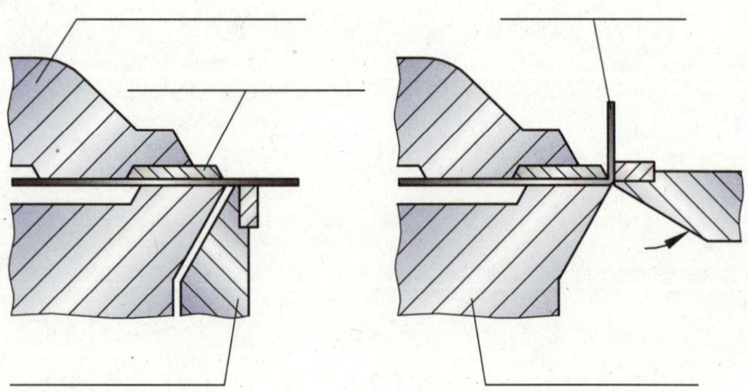

Die verschieden geformten Biegeschienen können ausgetauscht werden:

Falzschiene	Rundschiene	Geißfußschiene
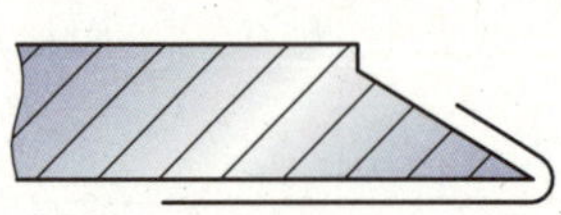	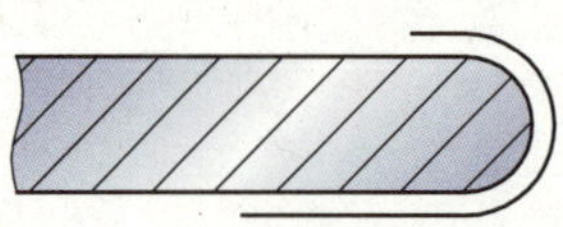	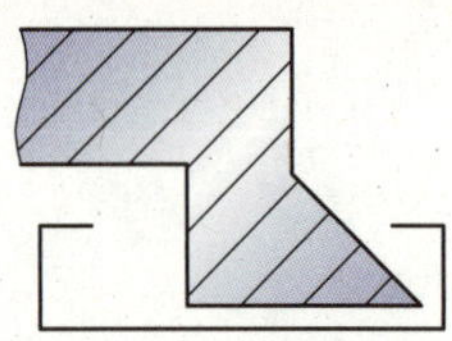

Arbeitsstufen

1. ____
2. ____
   ____
3. ____
4. ____

B. Walzbiegen von Blechen

Beim Walzbiegen oder Runden werden Bleche mit großem Biegeradius zu Rohren, Dachrinnen, Rundbehältern oder gewendelten Blechstreifen für Spiral- oder Wickelfalzrohre gebogen. Es können zylindrische oder kegelige Rundungen hergestellt werden.

Aufgabe der Walzen

1. Zuführungswalzen

Die untere Zuführungswalze ist wegen der unterschiedlichen Blechdicke höhenverstellbar.
Damit das gerundete Blechteil aus der Maschine entnommen werden kann, ist die obere Zuführungswalze seitlich ausschwenkbar.

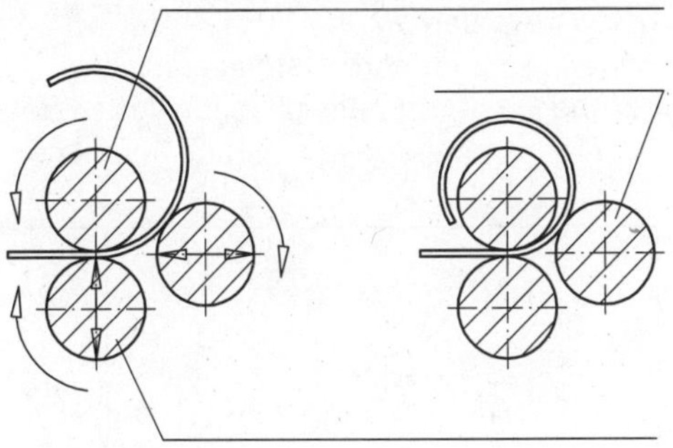

2. Biegewalze

Die Biegewalze ist in Zuführungsrichtung verstellbar.
Neben der Dreiwalzenrundmaschine gibt es auch Rundmaschinen mit vier Walzen.

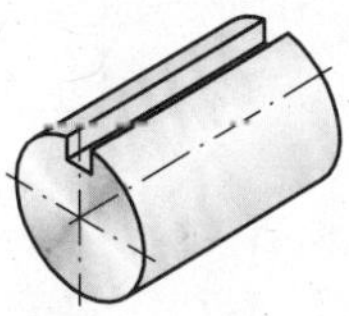

Nut zur Aufnahme von Umschlägen

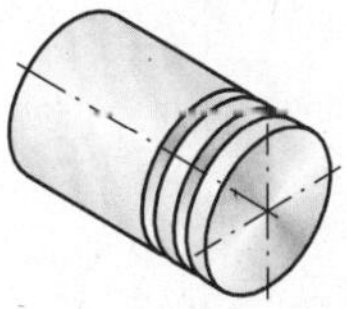

Nut zur Aufnahme von Blechumschlägen

Beachte!
Arbeiten Sie an Rundmaschinen mit besonderer Vorsicht, damit Quetschungen der Hände vermieden werden.

C. Gesenkbiegen von Blechen

Genaues Umformen von Blechen wird mit der hydraulischen Gesenkbiegepresse durchgeführt.

Tragen Sie die entsprechenden Ziffern ein.

① Unterbalken

② Zentrierplatte

③ Einstellschraube mit Gegenmutter

④ Untergesenkprisma oder Matrize (auswechselbar)

⑤ Werkstück

⑥ gekröpfter Obergesenkstempel (auswechselbar)

⑦ Klemmleiste

⑧ Oberbalken

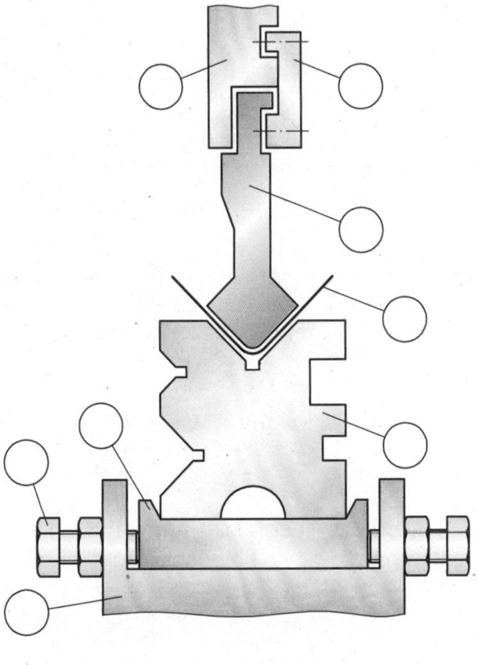

Für komplizierte Werkstückformen sind mehrere Biegungen in der richtigen Reihenfolge durchzuführen.

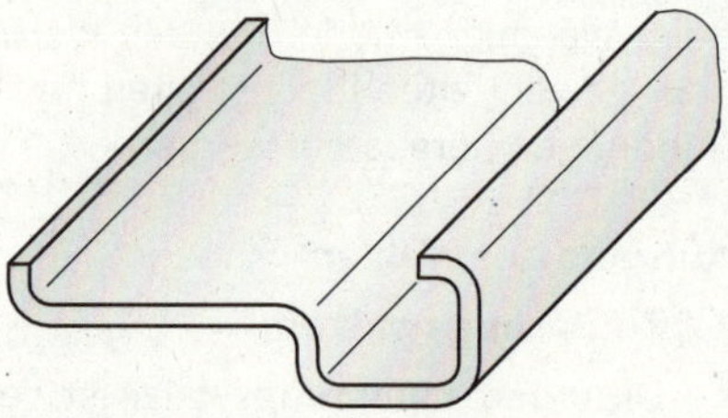

Aufgaben

1. Das skizzierte Fassadenprofil aus verzinktem Stahlblech soll mit der Gesenkbiegepresse (Abkantpresse) hergestellt werden.
   Erstellen Sie den Arbeitsfolgeplan.
   Für die Ermittlung der richtigen Arbeitsfolgen können Sie einen Papierstreifen zu Hilfe nehmen.

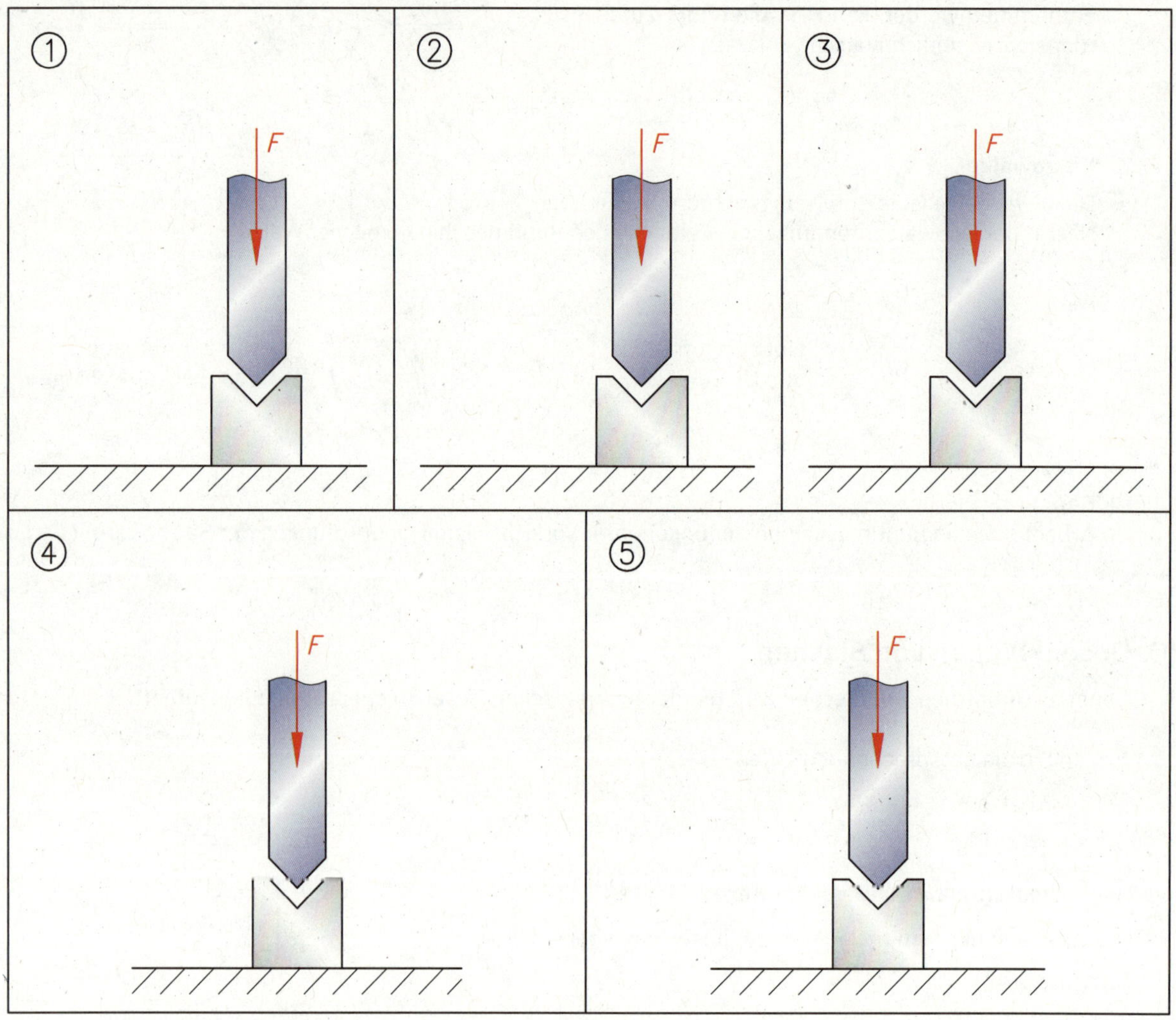

2. Ein 4 mm dickes Stahlblech mit der Mindeststreckgrenze von 235 N/mm² soll quer zur Walzrichtung gebogen werden. Der Biegewinkel beträgt 100°.
   Bestimmen Sie mithilfe des Tabellenbuchs den Mindestbiegeradius.

   Mindestbiegeradius r_{min} = ________ mm

   Wie groß ist r_{min}, wenn in Walzrichtung gebogen wird?

   r_{min} = ________ mm

3. Das Blech aus einer Al-Legierung (EN AW 6082 – T 6) ist 1 mm dick und soll um 90° gebogen werden.
   Bestimmen Sie auch hier den Mindestbiegeradius.

   r_{min} = ________ mm

Berechnen Sie die gestreckte Länge (in mm) des gezeichneten Kropfstücks.

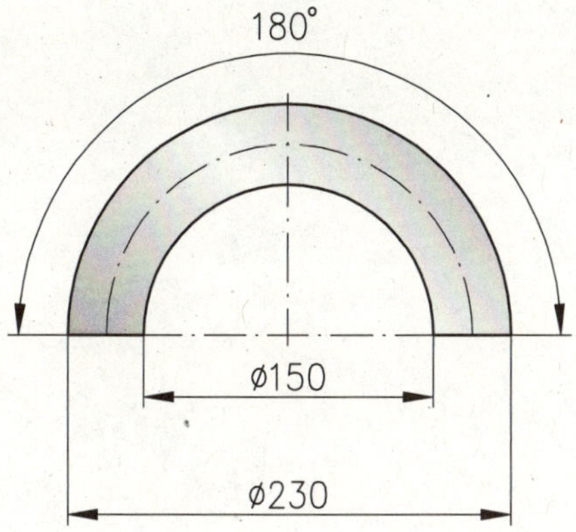

Geg.:

Ges.:

Die gestreckte Länge ist die Länge der ______ ______. Im Beispiel ist es ein Kreis- ______ mit ______°.

Die neutrale Faser ist die Länge, die beim Biegen weder ______ noch ______ wird.

Länge des Kreisbogens: l_B =

Überlegen Sie, welchen Durchmesser Sie einsetzen.

d = ______ mm

Zur Berechnung der Länge der neutralen Faser von Biegeteilen wird der ______ Durchmesser d eingesetzt.

d =	l_B =

d = ______

d = ______ mm

l_B = ______

l_B = ______ mm

1. Aufgabe: Berechnen Sie die gestreckte Länge des gezeichneten Formblechs. Die Blechdicke beträgt 10 mm.

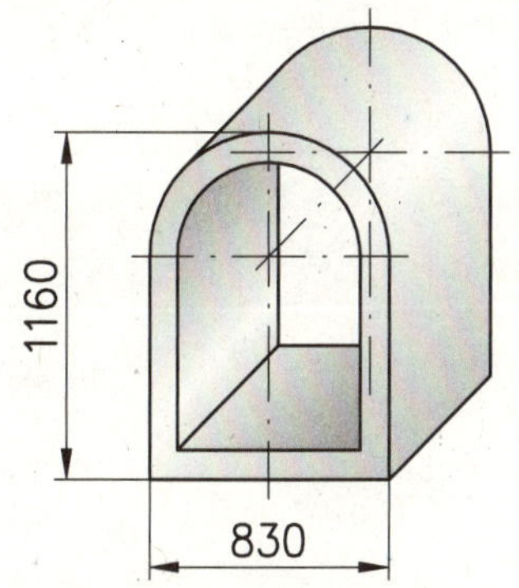

2. **Aufgabe:** Aus Stahlblech, 15 mm dick, soll die skizzierte Schutzabdeckung gefertigt werden. Berechnen Sie die gestreckte Länge.

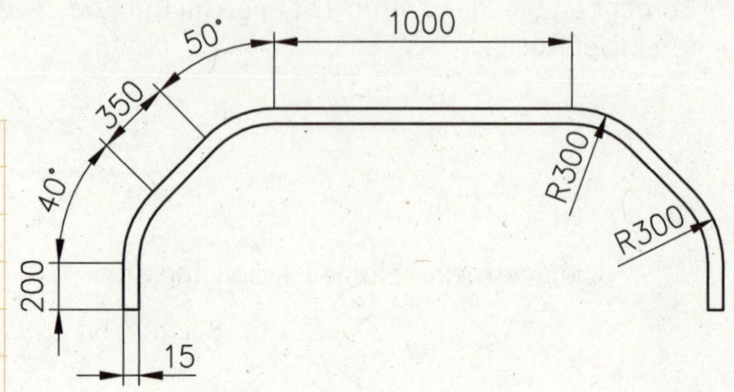

3. **Aufgabe:** Berechnen Sie die gestreckte Länge der abgebildeten Rohrschelle für ein Rohr mit 30 mm Außendurchmesser.

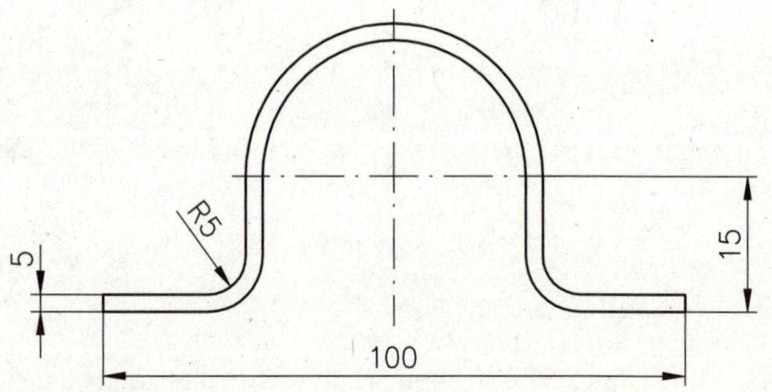

Ein Kropfstück soll mit einem mittleren Radius von 120 mm um 54° gebogen werden.
Wie viel mm ist die gestreckte Länge?

Geg.: ______________________

Ges.: ______________________

____

____

____

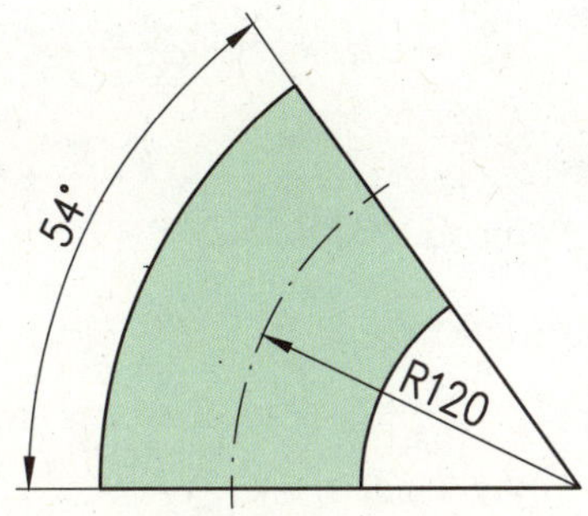

Bogenlängen lassen sich auch mithilfe von Tabellen ermitteln.
Die Tabelle gibt die Bogenlänge l_B für den Radius $r = 1$ an.

Winkel	**Bogenlänge l_B für den Radius $r_o = 1$**									
α (°)	0°	1°	2°	3°	4°	5°	6°	7°	8°	9°
		0,0175	0,0349	0,0524	0,0698	0,0873	0,1047	0,122	0,1396	0,1571
10	0,1745	0,1920	0,2094	0,2269	0,2443	0,2618	0,2793	0,2967	0,3142	0,3316
20	0,3491	0,3665	0,3840	0,4014	0,4185	0,4363	0,4538	0,4712	0,4887	0,5061
30	0,5236	0,5411	0,5585	0,5760	0,5934	0,6109	0,6283	0,6458	0,6632	0,6807
40	0,6981	0,7156	0,7330	0,7505	0,7679	0,7854	0,8029	0,8203	0,8378	0,8552
50	0,8727	0,8901	0,9076	0,9250	0,9425	0,9599	0,9774	0,9984	1,0123	1,0297
60	1,0472	1,0647	1,0821	1,0996	1,1170	1,1345	1,1519	1,1694	1,1868	1,2043
70	1,2217	1,2392	1,2566	1,2741	1,2915	1,3090	1,3265	1,3439	1,3614	1,3788
80	1,3963	1,4137	1,4312	1,4486	1,4661	1,4835	1,5010	1,5184	1,5359	1,5533
90	1,5708	1,5882	1,6057	1,6232	1,6406	1,6581	1,6755	1,6930	1,7104	1,7279
100	1,7453	1,7628	1,7802	1,7977	1,8151	1,8326	1,8500	1,8675	1,8850	1,9024
110	1,9199	1,9373	1,9548	1,9722	1,9897	2,0071	2,0246	2,0420	2,0594	2,0769
120	2,0944	2,1118	2,1293	2,1468	2,1642	2,1817	2,1991	2,2166	2,2340	2,2515
130	2,2689	2,2864	2,3038	2,3213	2,3387	2,3562	2,3736	2,3911	2,4086	2,4260
140	2,4435	2,4609	2,4784	2,4958	2,5133	2,5307	2,5482	2,5656	2,5813	2,6005
150	2,6180	2,6354	2,6529	2,6704	2,6878	2,7053	2,7227	2,7402	2,7576	2,7751
160	2,7925	2,8100	2,8274	2,8449	2,8623	2,8798	2,8972	2,9147	2,9322	2,9496
170	2,9671	2,9845	3,0020	3,0194	3,0369	3,0543	3,0718	3,0892	3,1067	3,1241
180	3,1416	–	–	–	–	–	–	–	–	–

Bestimmen Sie die Bogenlänge l_B für α = 40°.

$r = 1$ mm ⟶ l_B = ______________

$r = 1$ m ⟶ l_B = ______________

Erkenntnis: Der abgelesene Tabellenwert für die Bogenlänge l_B erhält die gleiche Benennung wie ______________

____

Bestimmen Sie nun die Bogenlänge l_B (in mm) für das Kropfstück mithilfe der Tabelle.

$r =$ 1 mm und α = 54° ⟶ l_B = ______________

$r =$ ______ mm und α = 54° ⟶ l_B = ______________

l_B = ______________

Bestimmen Sie die Bogenlänge l_B für $r = 1$ m und α = 240°.

$r = 1$ m und α = ______ ° ⟶ l_{B1} = ______________

$r = 1$ m und α = ______ ° ⟶ l_{B2} = ______________

l_B = ______________

Erkenntnis: Winkel über 180° werden ______________

____

1. Aufgabe: Überprüfen Sie die Bogenlängen der Aufgaben 1, 2 und 3 auf Blatt 11.

Aufgabe 1: r_m = ______, α = ______ °

l_B = ______

l_B = ______

Aufgabe 2: r_m = ______, α = ______ °

l_B = ______

l_B = ______

Aufgabe 3: r_{m1} = ______, α_1 = ______ °

l_{B1} = ______

l_{B1} = ______

r_{m2} = ______, α_2 = ______ °

l_{B2} = ______

l_{B2} = ______

2. Aufgabe: Ein Stahlblech, 20 mm dick, wird mit einem Innenradius von 680 mm um 205° gebogen. Bestimmen Sie mithilfe der Tabelle die gestreckte Länge des Bogens.

3. Aufgabe: Ein Metallbetrieb stellt 20 mm breite Doppelhaken aus verzinktem Stahlblech her. Berechnen Sie die gestreckte Länge einer Doppelschelle.

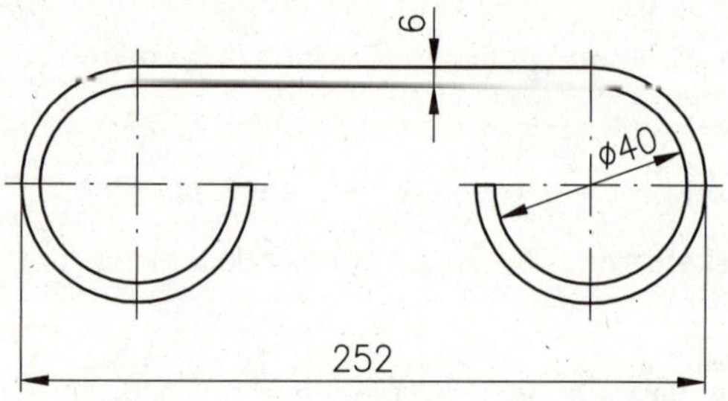

Bei gebogenen Blechteilen wird das Biegestück am Innenradius gestaucht, am Außenradius gestreckt.

Zuschnittlänge

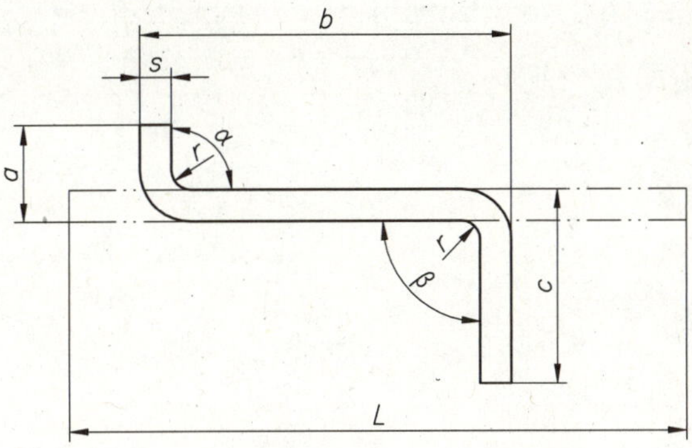

Größe	Formelzeichen	Einheit
Zuschnittlänge		
Schenkellänge		
Dicke		
Biegeradius		
Öffnungswinkel		
Ausgleichswert		

Schenkellänge = Außenmaß der Biegeschenkel

Der Ausgleichswert *v* ist abhängig von

$L =$

Der Ausgleichswert wird meist Tabellen entnommen.

Ausgleichswert *v* für Biegeteile mit einem Öffnungswinkel von 90°

Blechdicke *s* (mm)	1	1,5	2	2,5	3	3,5	4	4,5	5	6
Biegeradius *r* (mm)										
1	1,9									
1,6	2,1	2,9								
2,5	2,4	3,2	4,0	4,8						
4	3,0	3,7	4,5	5,2	6,0	6,9				
6	3,8	4,5	5,2	5,9	6,7	7,5	8,3	9,0	9,9	
10	5,5	6,1	6,7	7,4	8,1	8,9	9,6	10,4	11,2	12,7
16	8,1	8,7	9,3	9,9	10,5	11,2	11,9	12,6	13,3	14,8

Für Biegeteile mit einem Öffnungswinkel unter oder über 90° kann der Ausgleichswert *v* dem Tabellenbuch entnommen werden.

Geg.: $a = 15$ mm, $b = 140$ mm, $c = 32$ mm, $s = 2$ mm, $r = 4$ mm, $\alpha = \beta = 90°$
Ges.: L

Bei einfachen Biegeteilen mit einem Biegewinkel von 90° und der Blechdicke *s* unter 5 mm kann der Ausgleichswert *v* auch mit der Näherungsformel bestimmt werden:

$$v \approx 2 \cdot s$$

Geg.: $\alpha = 90°$, $s = 4$ mm, $r = 6$ mm
Ges.: *v* nach Tabellenbuch und *v* mit Näherungsformel

Tabellenbuch: $v =$

Näherungsformel: $v \approx$

$v \approx$

$v \approx$

Konstruktionsmechanik	Datum:	Herstellen von Baugruppen aus Blechen	Lernfeld 5
Name:	Klasse:	*Zuschnittlänge bei Biegeteilen*	13

1. Aufgabe:
Bestimmen Sie den Ausgleichswert *v* und berechnen Sie die gestreckte Länge *L*.

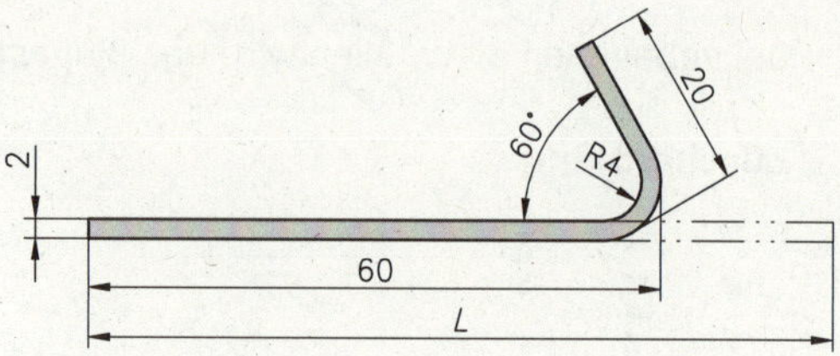

2. Aufgabe:
Wie groß sind die beiden Ausgleichswerte und wie groß ist die Zuschnittlänge des S-Hakens?

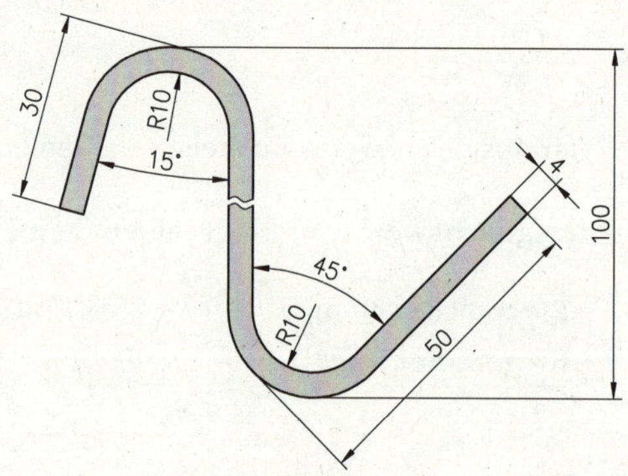

3. Aufgabe:
Bestimmen Sie die Ausgleichswerte. Auf welche Länge muss der Blechstreifen für das skizzierte Biegeteil zugeschnitten werden?

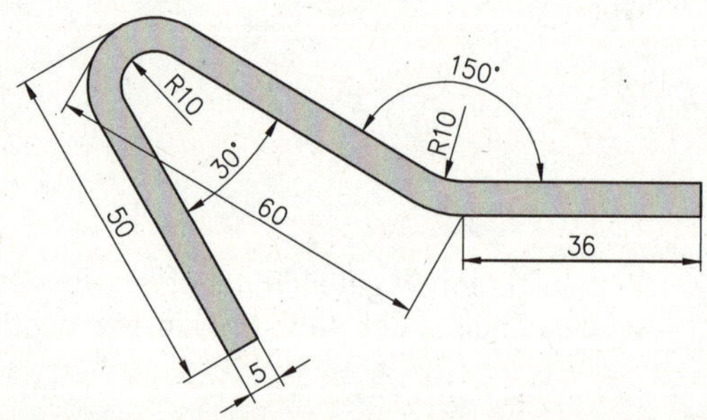

NC bedeutet „**N**umerical **C**ontrol“ = Numerische Steuerung oder „Steuern mit Zahlen“.

A. Vergleich herkömmlicher und NC-gesteuerter Maschinen

Handgesteuerte Maschine

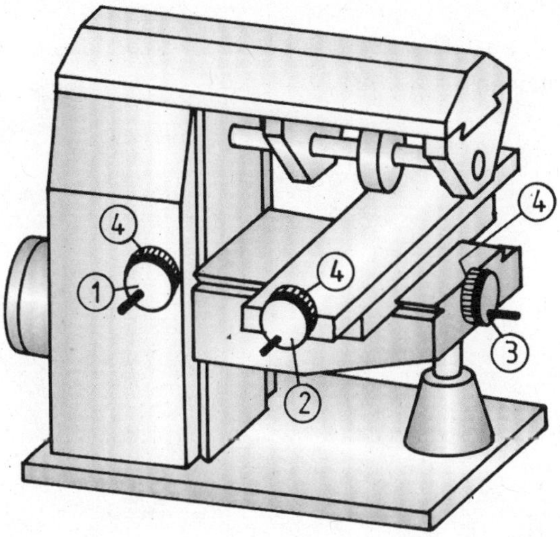

① ② ③ = ____________________

④ = ____________________

Merke:
Vor dem Fräsen muss der Metallbauer die richtige Reihenfolge der Werkstückbearbeitung festlegen.

Der Metallbauer muss beim Bearbeiten eines Werkstücks ständig Werkzeug und Werkstück von Hand neu positionieren (z. B. ____________________).

CNC-gesteuerte Maschine

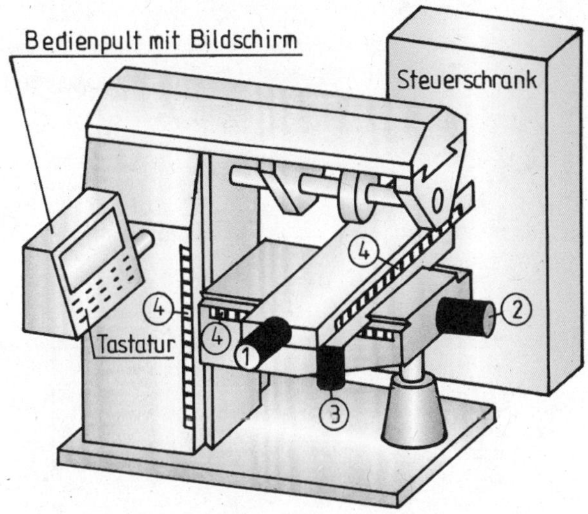

① ② ③ = ____________________

④ = ____________________

Merke:
Vor dem Fräsen wird der gesamte Bearbeitungsvorgang in kleine Arbeitsschritte aufgeteilt. Diese werden als verschlüsselte Befehle oder Daten über das Bedienfeld der Steuerung mitgeteilt.

Bezeichnung für diese Befehle oder Daten:

____

Welche Aufgaben hat hier der Metallbauer nach dem Programmieren zu erfüllen?

____

B. Prinzip der CNC-Fertigung

Technische Darstellung (______________________)

↓

Arbeitsplan	1. Informationen über das Werkstück: Z. B. ______________________
	2. Technologische Informationen: Z. B. ______________________ ______________________
	3. Zusatzinformationen: Ein-Aus { ______________________
Werkzeugplan	Werkzeugart: ______________________ Werkstoff: ______________________
Vorrichtungsplan	Einzelanfertigung: ______________________ Serienfertigung: ______________________

↓

Programmanleitung → Programmierer

↓

Erstellen des Programms (Gesamtinformations-Erstellung) z. B.

____

→ Datenprüfung, Dateneingabe: ______________________

↓

CNC-Steuerung	Bildschirm
Verarbeitung von Informationen	Probedurchlauf (= Simulation) vor der Werkstückbearbeitung
Speichern von Informationen	Datenanzeige während der Bearbeitung

Istwert → Rückmeldung → Sollwert → Stellbefehl (z. B. Vorschubmotor) → Werkstückbearbeitung → Messen → Istwert

______________ -Kreis

Wenn der Istwert unter Beachtung der Fertigungstoleranzen mit dem Sollwert übereinstimmt, wird der Regelkreis unterbrochen = ______________________.

C. Vor- und Nachteile von CNC-Maschinen

Vorteile:

Serienfertigung:

Programmänderungen:

Schnittgeschwindigkeit:

Ausschuss:

Kontrolle:

Keine Schablonen („Meisterstücke") notwendig.

Nachteile:

Anschaffungskosten:

Wartungskosten:

Arbeitsplanung:

Bedienungspersonal:

D. Baugruppen und Produktionseinheiten

1. Antriebe

a) Hauptantrieb

Anstelle der herkömmlichen Drehstrommotoren mit Stufengetriebe werden in modernen Werkzeugmaschinen drehzahlregelbare Gleichstromantriebe verwendet.
Forderungen an moderne Hauptantriebe:

b) Vorschubantriebe

Jede Maschine führt beim Bearbeiten eines Werkstücks Bewegungen aus.

Beispiele:

Für jede Maschinenbewegung ist ein Einzelantrieb notwendig. Dadurch können alle Antriebswellen gleichzeitig und unabhängig voneinander angetrieben werden.

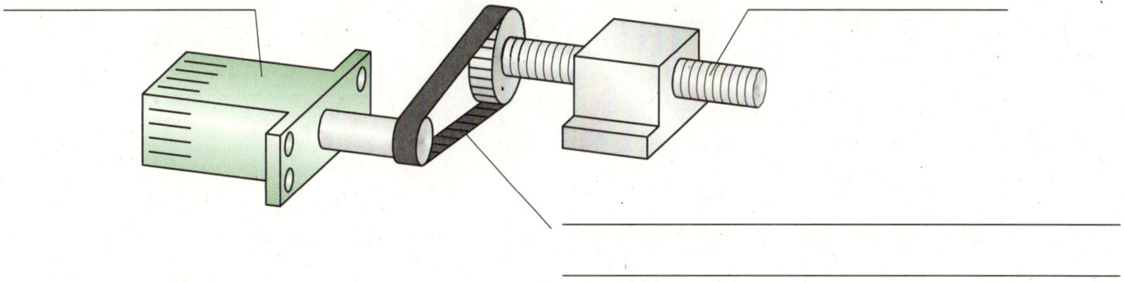

Vorteile:

Drehzahlregelung:

Ansteuerung:

Lebensdauer:

Wartung:

Nachteile:

Anschaffungspreis:

Steuerung:

Antriebsstrom:

c) **Kugelumlaufspindel**

Kugelumlaufspindel mit Innenumlenkung

Kugelumlaufspindel mit Rohrumlenkung

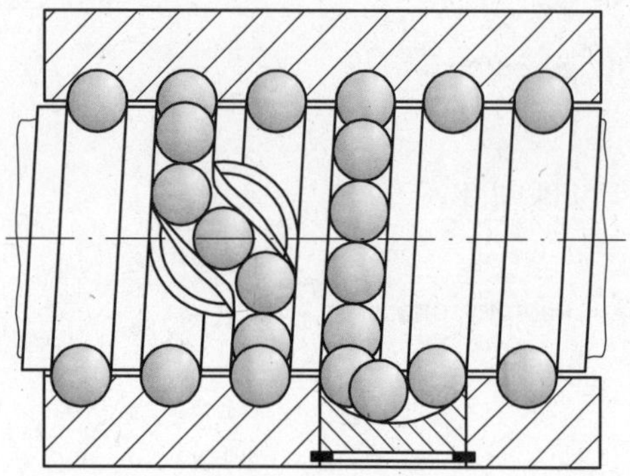

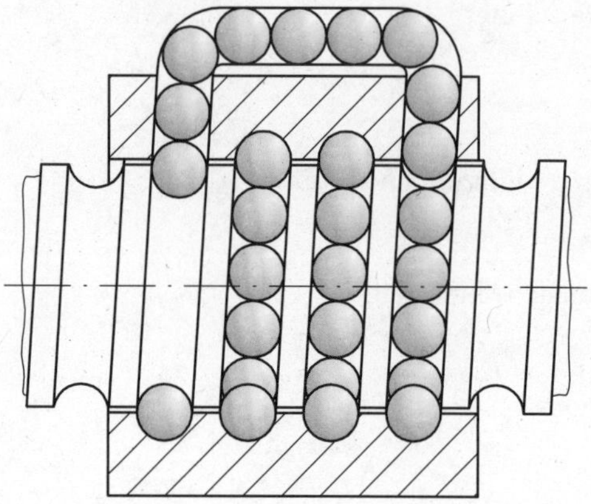

Vorteile der Kugelumlaufspindel:

2. Beispiel für das Bedienfeld einer CNC-Steuerung

CNC-Maschinen werden über das Bedienfeld gesteuert. Die Symbole sind genormt (Tabellenbuch).

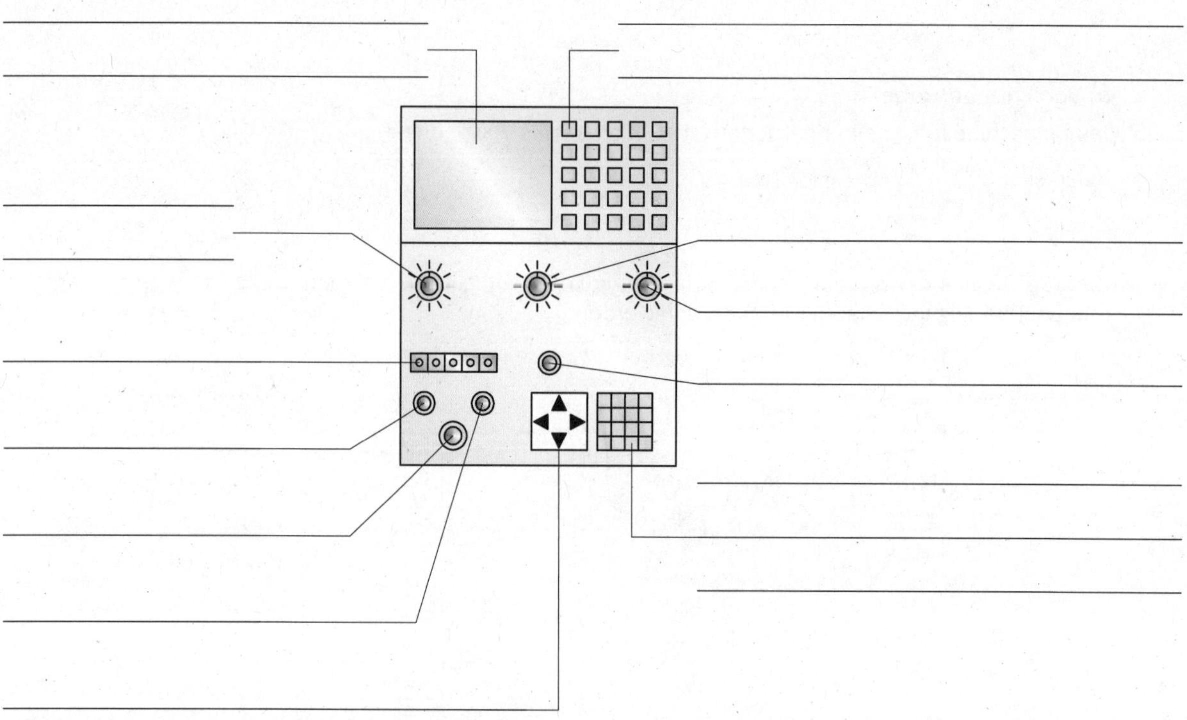

3. Wegmesssystem am Beispiel einer Plasmaschneidmaschine

Beim Bearbeiten eines Werkstücks mit CNC-Maschinen müssen laufend Ist- und Sollwertvergleiche von Werkstück und Werkzeug durchgeführt werden. Dazu sind Wegmesseinrichtungen erforderlich.

a) Direkte Wegmessung

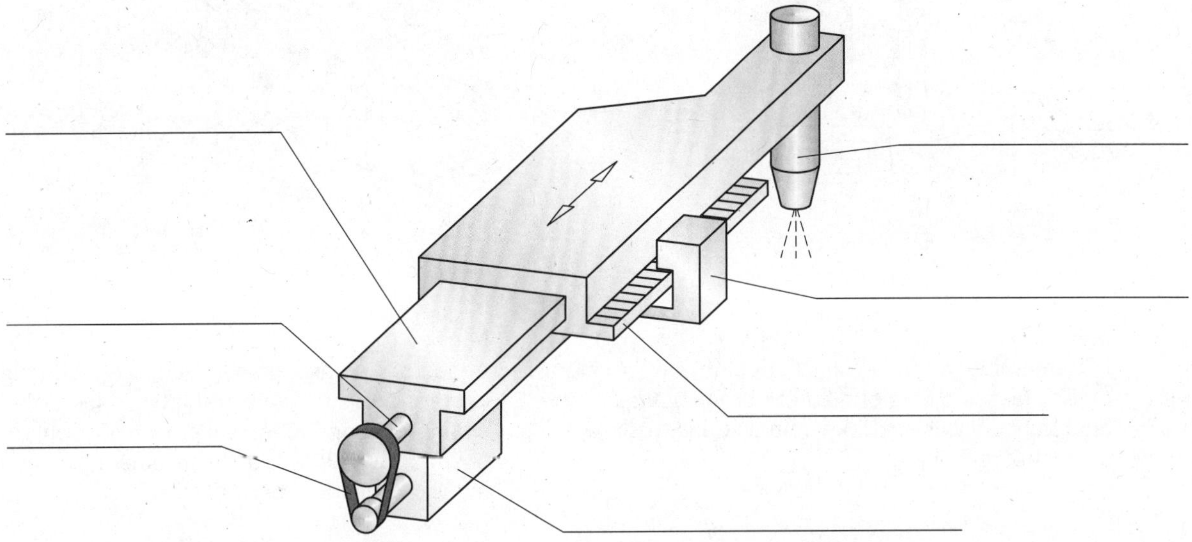

Der Strichmaßstab ist parallel mit dem beweglichen Maschinenschlitten verbunden. Der festsitzende Messkopf ist am Schlittenunterbau befestigt und zählt die Strichmaße. Diese Istwerte werden der Steuerung laufend zugeführt.

b) Indirekte Wegmessung

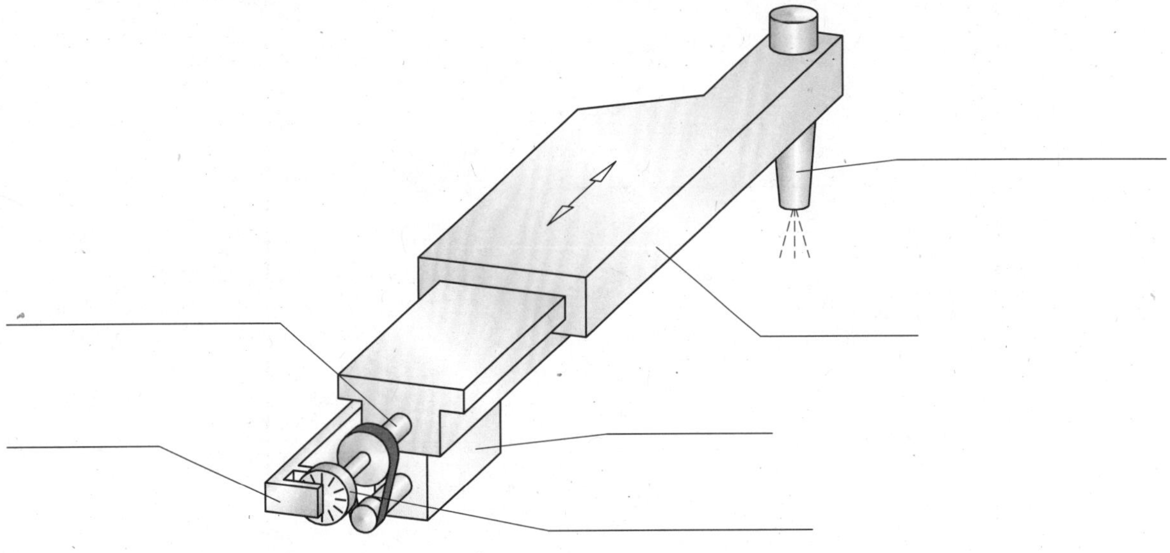

Der Stellmotor treibt über den Zahnriemen die auf der Kugelumlaufspindel festsitzende Strichmaßscheibe an. Der Messkopf zählt die vorbeilaufenden Striche, wandelt sie in elektrische Impulse um und gibt diese Istwerte an die Steuerung weiter.
Bei der direkten und indirekten Wegmessung werden die Istwerte mit den Sollwerten verglichen. Der Schlitten bewegt sich so lange, bis Sollwert und Istwert übereinstimmen.

c) Inkrementale Wegmessung
(Schrittweise Wegmessung)

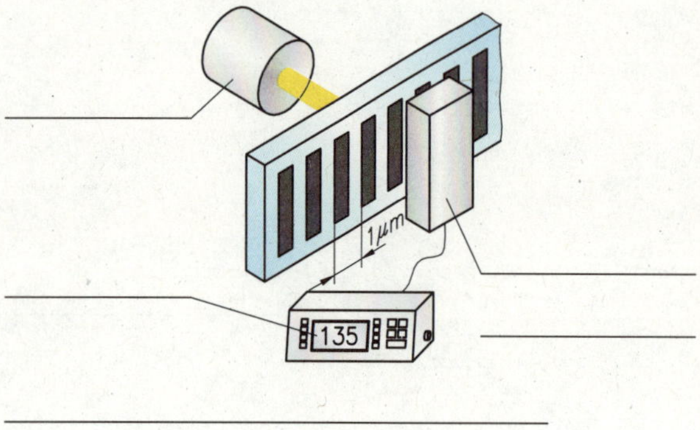

Merke:
Inkrementale Wegmessung bedeutet „Kettenmaß"-Messung. Es gibt also keinen Ausgangs- oder Nullpunkt. Es wird immer Strecke an Strecke aneinandergereiht.

d) Absolute Wegmessung
(Bezugswegmessung oder Nullpunktwegmessung)

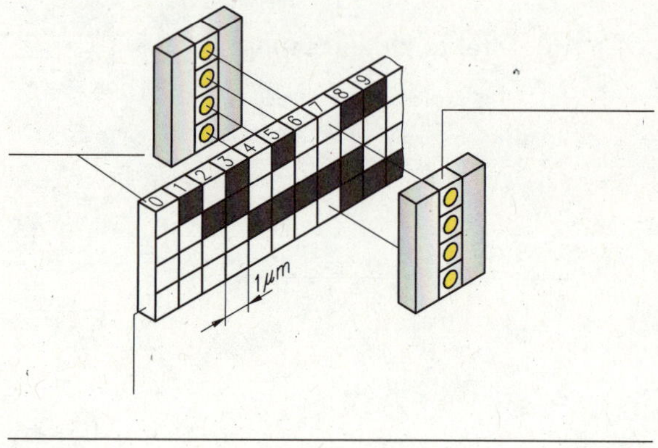

Merke:
Absolute Wegmessung bedeutet „Bezugskanten"-Messung. Alle Maße beziehen sich auf einen Ausgangs- oder Nullpunkt. Die Schlittenposition ist jederzeit, auch bei einem Stromausfall, exakt bestimmbar.

E. Koordinatenbemaßung

1. Inkrementale Bemaßung (Kettenbemaßung)
Bemaßen Sie das Werkstück nach dem inkrementalen Bemaßungssystem.

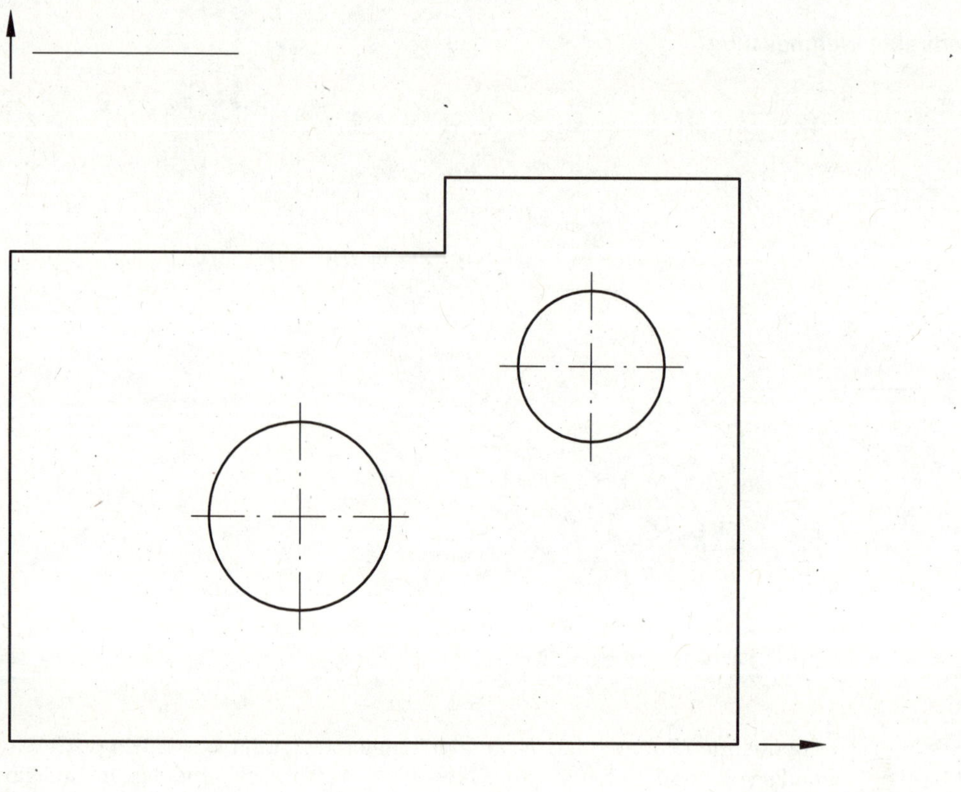

Ausgangspunkt der Maße: ______________________

2. Absolute Bemaßung (Bezugsbemaßung)

Bemaßen Sie das Werkstück nach dem absoluten Bemaßungssystem.

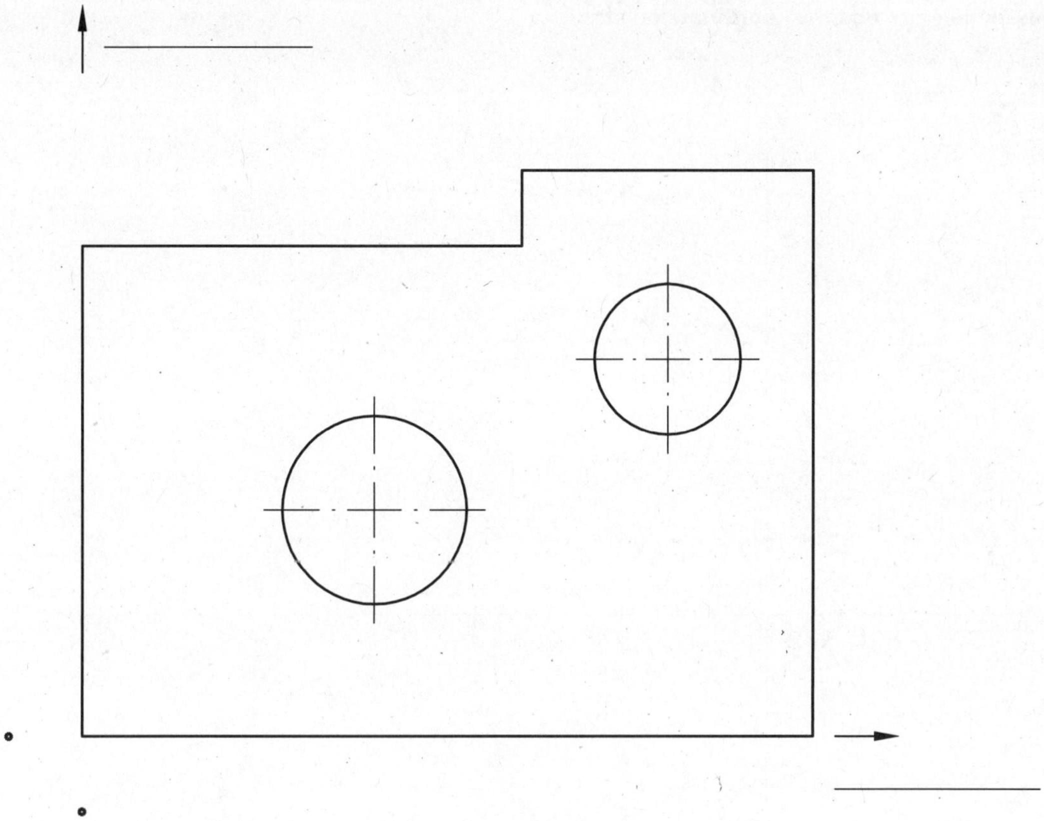

Ausgangspunkt aller Maße: ______________________

F. Maschinenkoordinaten

Das rechtwinklige Maschinenkoordinatensystem wird immer auf das Werkstück bezogen.

1. Zweiachsiges = ebenes Koordinatensystem

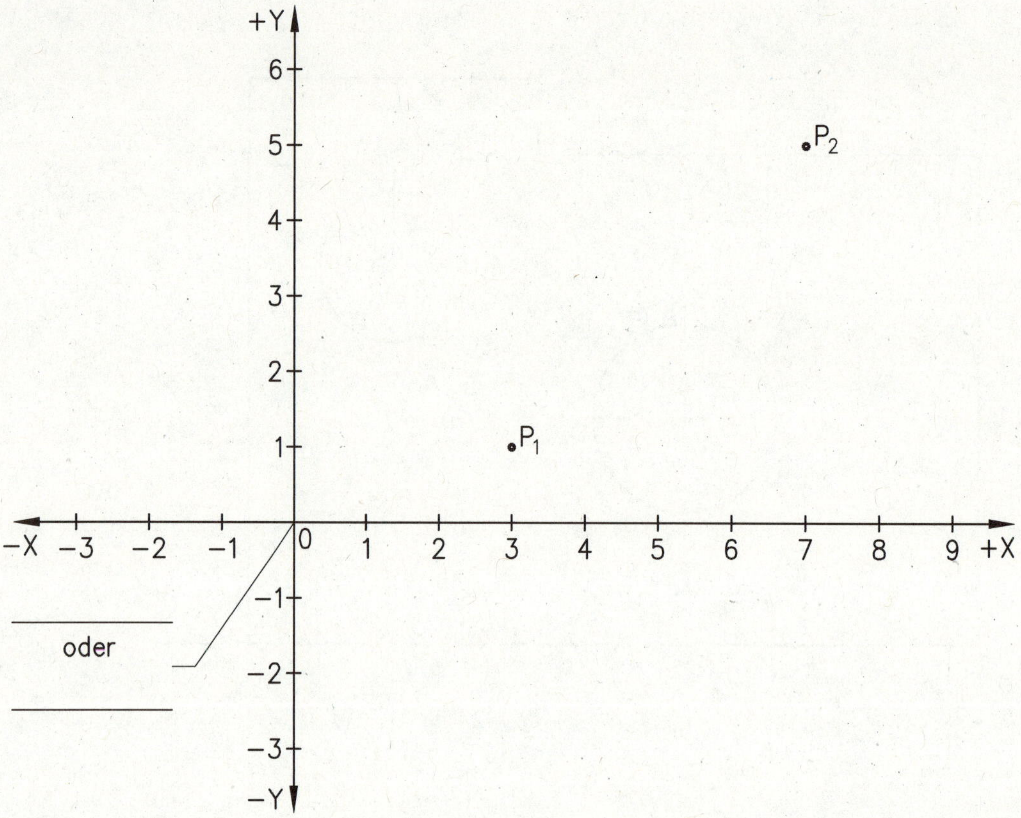

Aufgaben: a) Bestimmen Sie die Koordinaten der Punkte P_1 und P_2.

P_1 (X-Wert = ________, Y-Wert = ________)

Genormte Schreibweise:

P_1 (______ / ______)

P_2 (______ / ______)

b) Zeichnen Sie die Punkte P_3 (−1/4), P_4 (5/2,5), P_5 (4/0) und P_6 (6/−2) in das Koordinatensystem ein.

2. Dreiachsiges = räumliches Koordinatensystem

In der räumlichen Darstellung wird die Y-Achse unter 45° zur X- und Z-Achse gezeichnet.

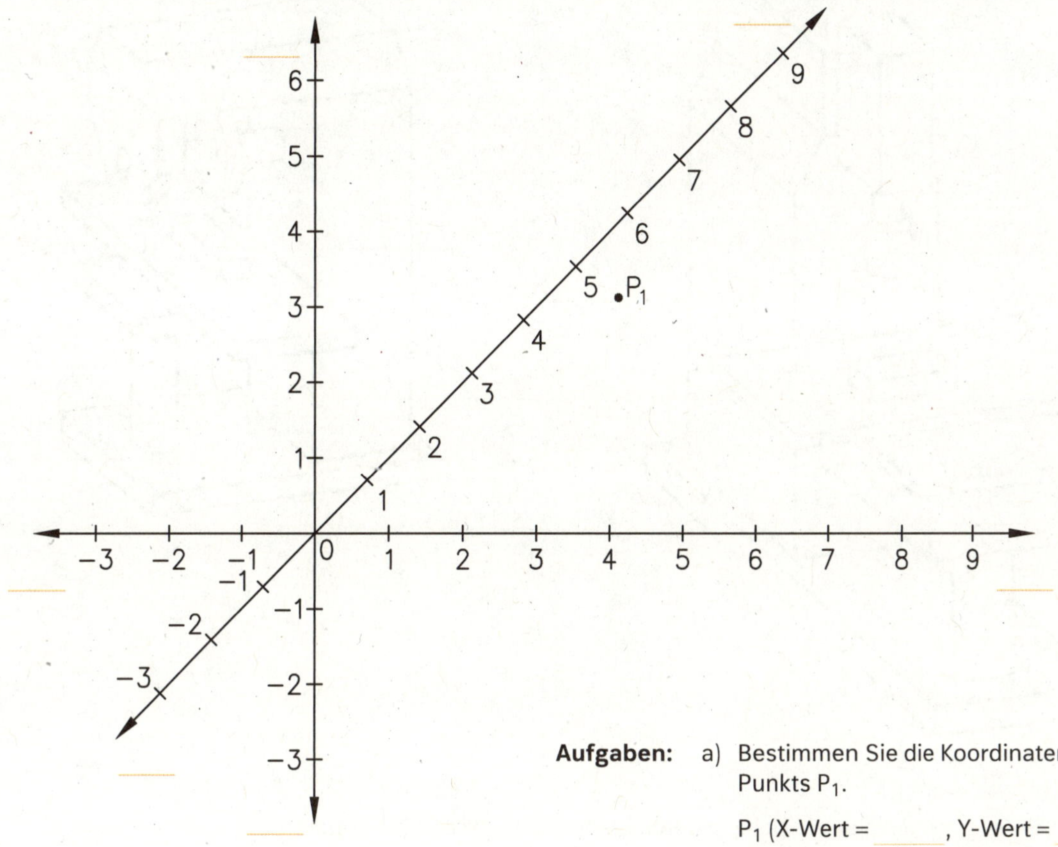

Aufgaben: a) Bestimmen Sie die Koordinaten des Punkts P_1.

P_1 (X-Wert = ______, Y-Wert = ______,

Z-Wert = ______)

Genormte Schreibweise:

P_1 (______ / ______ / ______)

b) Zeichnen Sie die Punkte P_2 (2/1/0) und P_3 (3,5/4/1) in das Koordinatensystem ein.

Merkhilfe mit der rechten Hand:

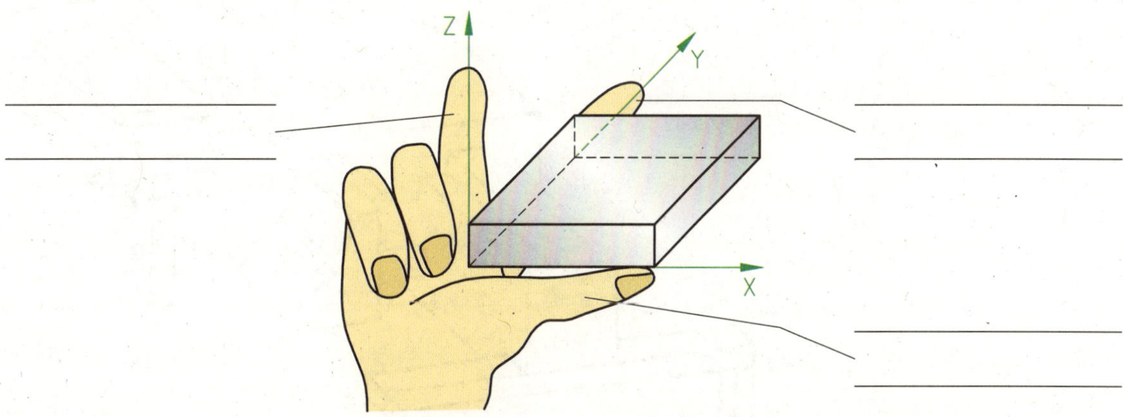

G. Koordinatenachsen an CNC-Maschinen (Auswahl)

Senkrecht-Fräsmaschine

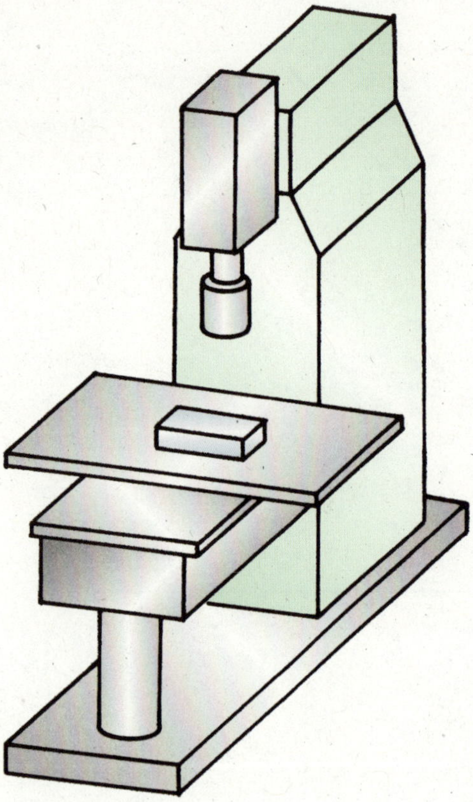

Waagerecht-Fräsmaschine

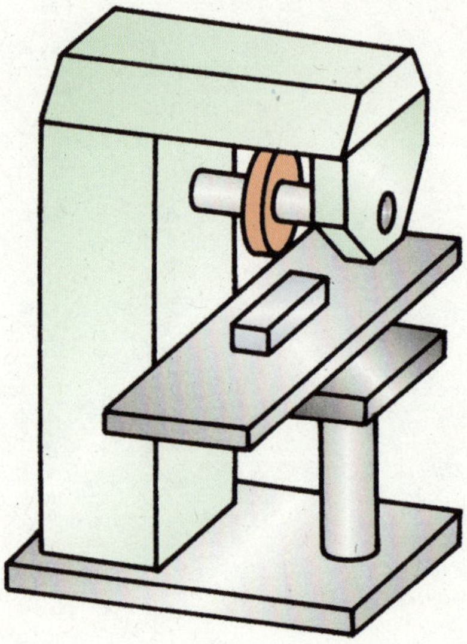

Aufgabe: Zeichnen Sie die räumlichen Koordinatenachsen in die Skizzen ein.

Verlauf der Achsen

Z-Achse:

X-Achse:

Y-Achse:
Sie ist durch Lage und Richtung der X- und Z-Achse festgelegt (Rechte-Hand-Regel).

Brennschneidmaschine

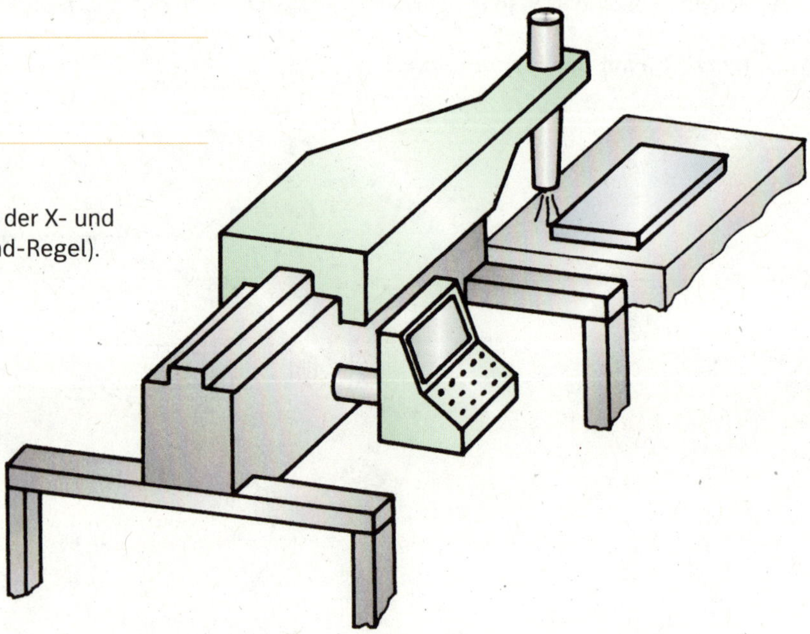

H. Bezugspunkte (Auswahl)

1. Werkstück-Nullpunkt W

Der Werkstücknullpunkt ist der Nullpunkt des Werkstück-Koordinatensystems. Seine Lage ist frei wählbar und beliebig verschiebbar. Der Werkstücknullpunkt wird in der Regel für jedes neue Programm neu eingegeben.

Symbol (siehe Tabellenbuch):

Aufgabe: Bestimmen Sie die Werkstücknullpunkte. Beachten Sie dabei, dass die Programmierarbeit einfach durchgeführt werden kann.

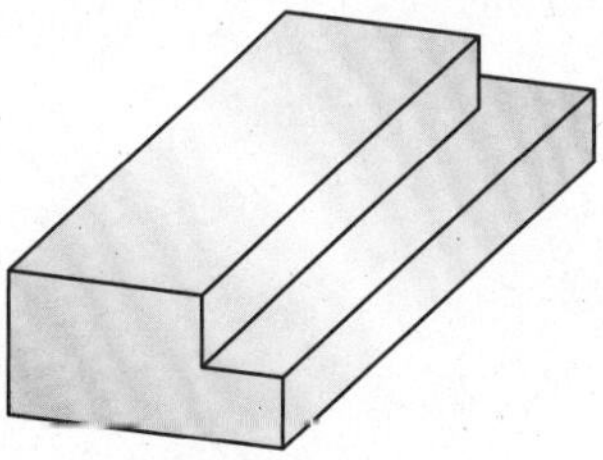

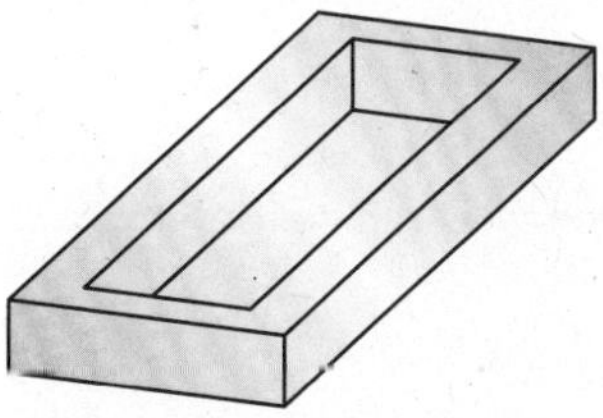

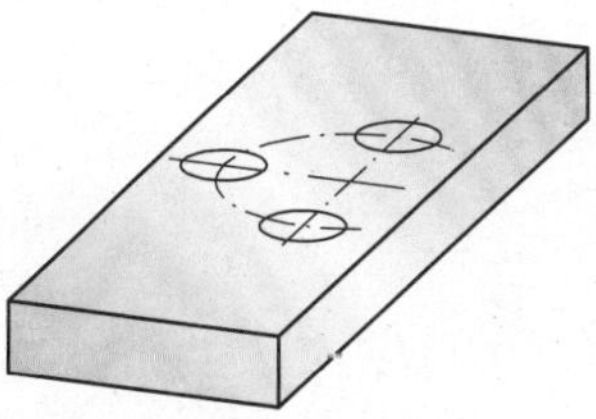

2. Referenzpunkt R

Der Referenzpunkt (Bezugspunkt) liegt im Ursprung des Wegmesssystems. Seine Lage ist konstruktiv vom Maschinenhersteller festgelegt und somit nicht veränderbar. Der Referenzpunkt liegt in der Regel im Randbereich des Maschinenarbeitsraums. Vor jedem Einrichten der Maschine sollte der Referenzpunkt angefahren werden. Nach der Festlegung des Werkstücknullpunkts notiert man sich die drei Koordinatenachsenwerte. Bei einem Stromausfall können diese Werte der Steuerung eingegeben und sofort wieder angefahren werden.

Symbol:

3. Programm-Nullpunkt PO

Dieser Punkt stellt den Startpunkt des Werkzeugs dar. Er sollte so gewählt werden, dass genügend Platz für Werkzeug- und Werkstückwechsel vorhanden ist.

Symbol:

4. Maschinen-Nullpunkt M

Der Maschinen-Nullpunkt ist vom Hersteller festgelegt und stellt den Nullpunkt der Maschinenkoordinaten dar.

Symbol:

I. Steuerungsarten

Wir unterscheiden drei Steuerungsarten:
- Punktsteuerung,
- Streckensteuerung,
- Bahnsteuerung.

1. Punktsteuerung

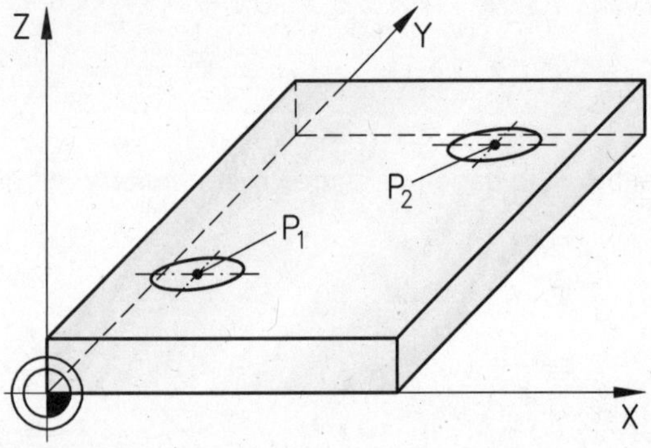

Bei der Punktsteuerung wird jeder Bearbeitungspunkt (z. B. P_1 und P_2) im Eilgang angefahren. Das Werkzeug (z. B. ______________________________) ist nicht im Eingriff.

Wie können die Punkte P_1 und P_2 angefahren werden?
Zeichnen Sie die Fahrwege farbig ein.

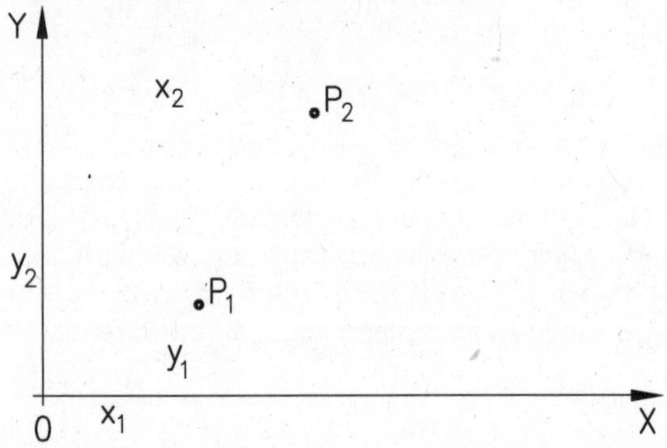

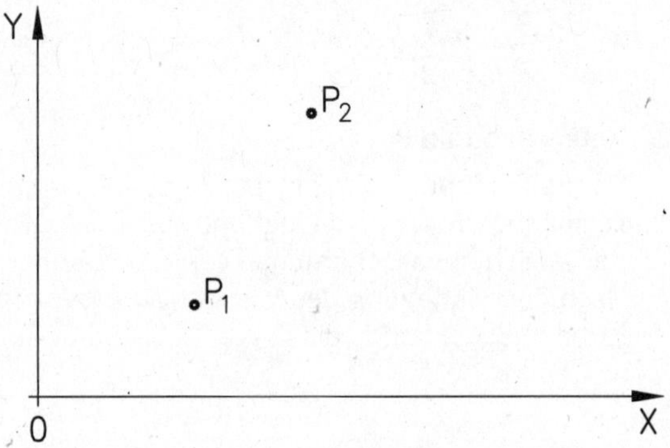

Lösung: ______________________________

Lösung: ______________________________

2. Streckensteuerung

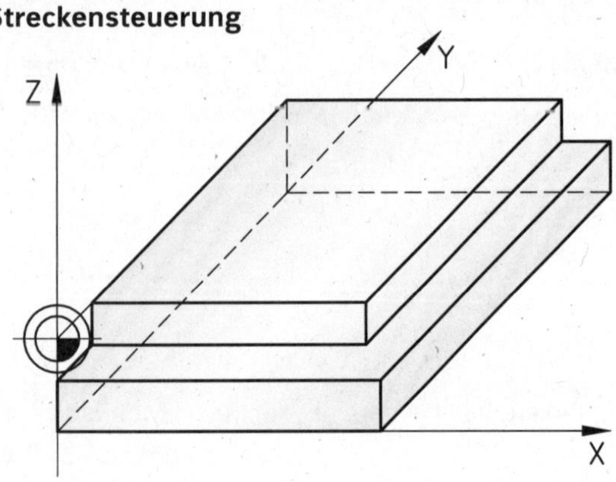

Bei der Streckensteuerung können nur gerade, achs-parallele Bearbeitungen durchgeführt werden. Diese Steuerung kann auch als Punktsteuerung arbeiten. Das Werkezeug (z. B. Schaftfräser, Schneidbrenner) wird mittels Eilgang in Arbeitsposition gebracht. Die Bearbeitung des Werkstücks erfolgt mit einprogrammierten Vorschubwerten.

Aufgabe:
Zeichnen Sie den Weg des Schaftfräsers ein. Beachten Sie dabei den Mittelpunkt des Fräsers.

3. Bahnsteuerung

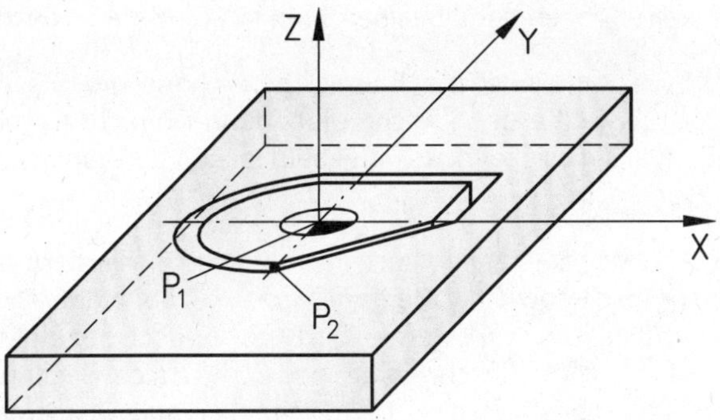

Bei der Bahnsteuerung kann das Werkzeug (z. B. Fräser, Plasmaschneidegerät) in beliebigen Bahnen fahren. Die Bahnsteuerung beinhaltet Punkt- und Streckensteuerung.

Zeichnen Sie den Weg der Plasmaschneiddüse in das Koordinatensystem ein. Geben Sie bei jeder Änderung des Wegs Zwischenpunkte an.

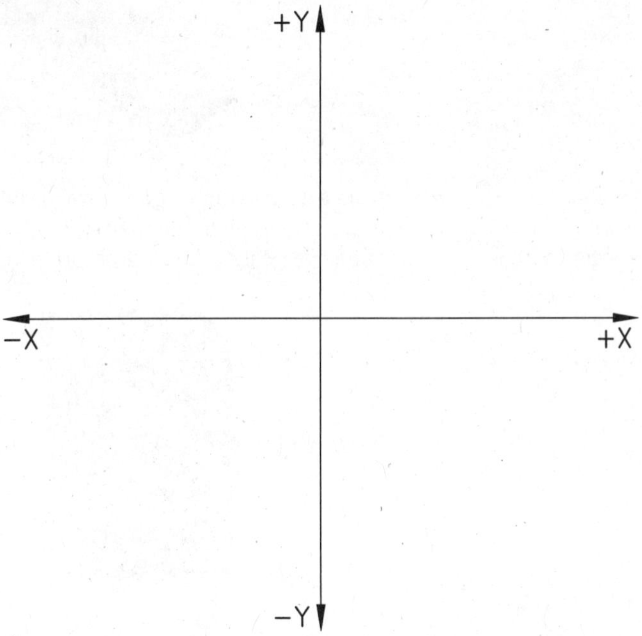

Startpunkt = P_1
Einstechpunkt = P_2
Zielpunkt = P_2
Bahnsteuerung im Uhrzeigersinn

J. Datenträger (Auswahl)

Auf Datenträgern werden Daten gespeichert. Man nennt sie deshalb auch ______ . Beim Ausschalten des Computers oder bei Stromausfall gehen im Arbeitsspeicher (RAM) die Daten verloren. Man spricht in diesem Fall von einem ______ Speicher. Der ______ Speicher dagegen behält seinen Inhalt auch ohne Stromzufuhr.

1. Der wichtigste Speicher des Computers ist die ______ , die auch als Harddisk bezeichnet wird. Sie hat eine hohe ______ von teilweise über 1000 GB. Sollte der Speicherplatz dennoch nicht ausreichen, kann eine ______ Festplatte angeschlossen werden, die in ein Gehäuse eingebaut ist und eine eigene Stromversorgung besitzt.

2. Da die Diskette eine geringe Speicherkapazität (bis 1,44 MB) besitzt und auch in magnetischen Feldern zerstört werden kann, wurde sie von der ______ (Compact Disc Read-Only Memory, kurz: ___) abgelöst. Die Speicherkapazität beträgt im Durchschnitt 700 MB. Im CD-ROM-Laufwerk werden die Daten optisch abgetastet und unterliegen daher keinem Verschleiß. Man unterscheidet CD-RW (beschreibbar) und CD-RS (nicht beschreibbar, nur lesbar). Eine noch größere Speicherkapazität als die CD besitzen die ___ (Digital Versatile Disc; Speicherkapazität bis zu 8,5 GB) und die Blu-ray Disc (kurz: BD; Speicherkapazität bis zu 50 GB).

3. Zum Transport von Daten wird heute oft der USB-Stick verwendet. Die Bezeichnung hat er deshalb erhalten, weil er an die USB-Schnittstelle des Computers angeschlossen wird.

   Vorteile:

   ______

   ______

   ______

   ______

4. In Digitalkameras werden ______ verwendet. Sie werden in vielerlei Ausführungen hergestellt (z.B. SD-Card, Smart Media, Compact Flash). Speicherkarten haben eine sehr hohe Speicherkapazität (bis 64 GB). Zum Arbeiten mit den gespeicherten Daten benötigt man ein Kartenlesegerät. Heute haben Computer häufig fest eingebaute Kartenleser.

   Vorteile:

   ______

   ______

   ______

   ______

   ______

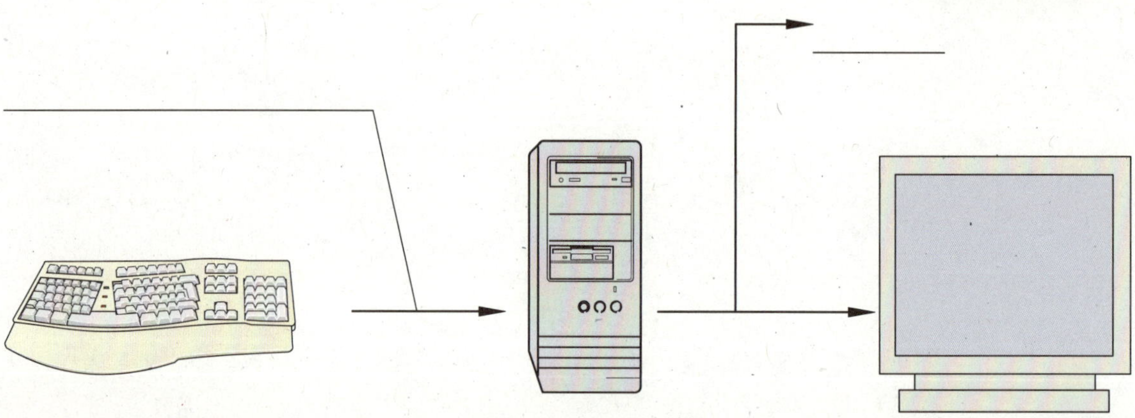

___ ingabe ___ erarbeitung ___ usgabe

______ -Prinzip

K. Programmaufbau zur Steuerung von CNC-Maschinen nach DIN

Am Anfang eines CNC-Programms steht das Zeichen für den Programmanfang = %. Durch die Programmnummer (z. B. % 83) kann dieses Maschinenprogramm jederzeit aus dem Speicher geholt und angewendet werden. Die Befehle des gesamten Arbeitsablaufs müssen in einer geeigneten Programmiersprache der Steuerung eingegeben werden.

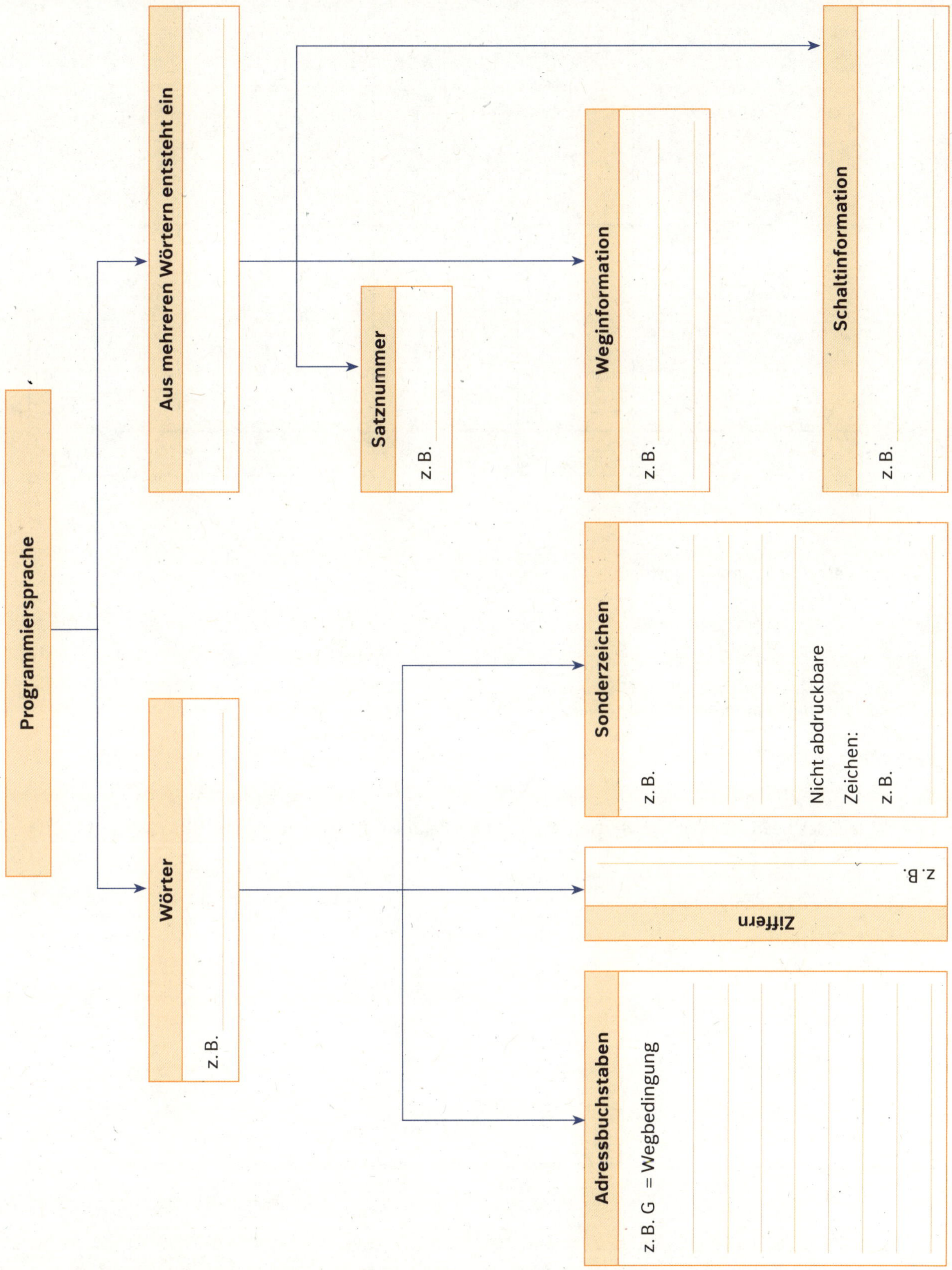

Merke: Aus vielen Sätzen ensteht ein ______________________. Diese Daten werden in die Steuerung eingegeben.

Konstruktionsmechanik	Datum:	Herstellen von Baugruppen aus Blechen	Lernfeld 5
Name:	Klasse:	*Fertigung mit CNC-gesteuerten Maschinen*	**14**

Aufgabe 1:

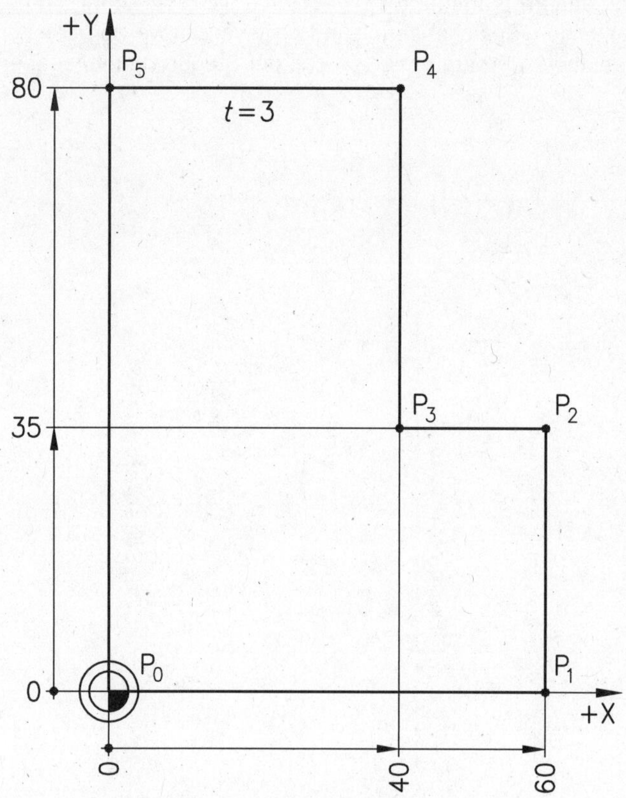

Aufgabe 2:

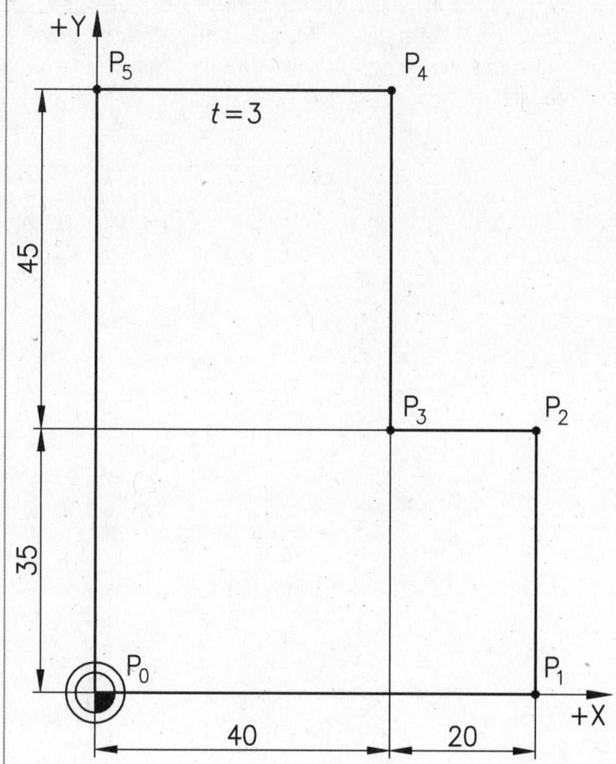

Welche Bemaßung wurde angewandt?

Auf welchen Punkt beziehen sich die Maße?

Der Ablauf des Bearbeitungswegs wird mit dem Großbuchstaben G gekennzeichnet.

Ergänzen Sie das vereinfachte Programm.

G ______

von P_0 nach P_1: ______
von P_1 nach P_2: ______
von P_2 nach P_3: ______
von P_3 nach P_4: ______
von P_4 nach P_5: ______
von P_5 nach P_0: ______

Ergänzen Sie das Programm.

G ______

von P_0 nach P_1: ______
von P_1 nach P_2: ______
von P_2 nach P_3: ______
von P_3 nach P_4: ______
von P_4 nach P_5: ______
von P_5 nach P_0: ______

Merke: Die Bemaßung einer technischen Zeichnung ist in der Regel eine Absolut- oder Bezugsbemaßung. Deshalb werden überwiegend CNC-Programme im Absolutmaß erstellt.

Aufgabe 3:
Mit einem Schaftfräser (Ø 10) soll eine 4 mm tiefe Nut in das Bauteil gefräst werden.

Die Positionierung des Werkstück-Nullpunkts wurde durchgeführt und die Daten der Steuerung wurden eingegeben.

Die Spindeldrehzahl beträgt 800 1/min, die Vorschubgeschwindigkeit 100 mm/min.

Nach dem Nutfräsen soll der Schaftfräser 150 mm über der Werkstückoberfläche in Position X = 200 und Y= 250 stehen.

Schreiben Sie das CNC-Programm.

Die Skizze ist nicht maßstäblich.

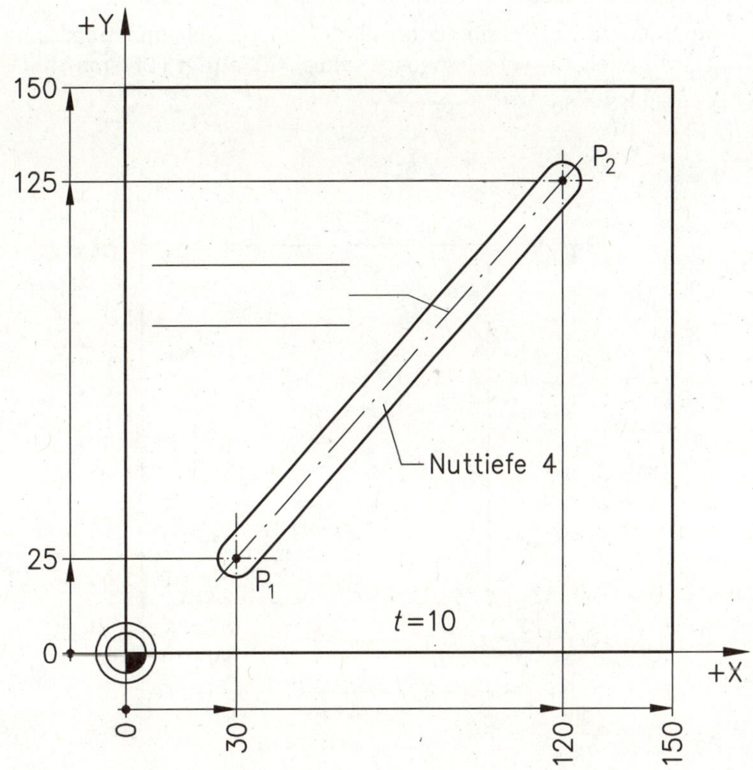

% 83

Satz-Nr.	Eingabedaten	Erklärung
N10	G90	Absolute Maßangabe

Merke: Die Satznummern steigen meist in ______________ -Stufen.

Vorteil: ______________________________

Aufgabe 4 (Plasmaschneidmaschine):

Eine quadratische Stahlplatte soll durch einen Plasmastrahl ausgeschnitten werden. Die Plasmaschnittfuge ist 1,3 mm breit, die Vorschubgeschwindigkeit beträgt 1 000 mm/min.

Erstellen Sie das CNC-Programm.

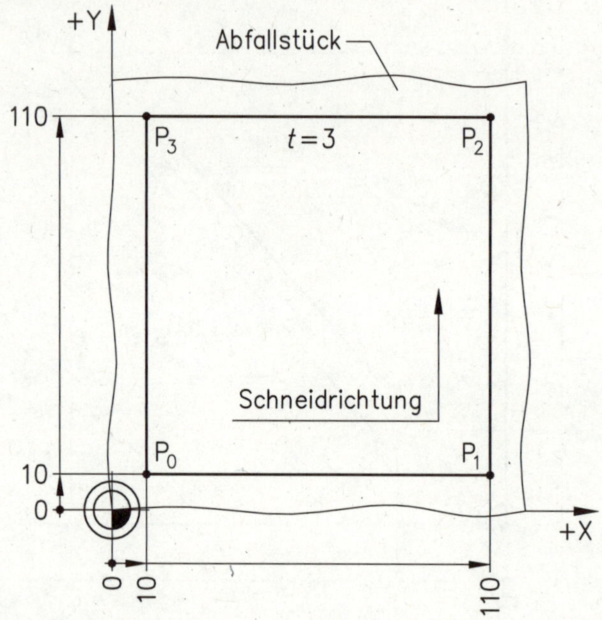

Merke:

1. Die Werkzeugkorrektur entnimmt die Spaltbreite 1,3 mm aus dem Werkzeugkorrekturspeicher und korrigiert den Schnitt um 1,3/2 = 0,65 mm. In welche Richtung (nach innen, nach außen) muss die Korrektur vorgenommen werden?

2. Die Z-Achse bleibt unberücksichtigt. Der Abstand Plasmabrenner – Werkstückoberfläche wird durch einen Abtastfühler aufgenommen und laufend korrigiert.

% 105

Satz-Nr.	Eingabedaten	Erklärungen

Aufgabe 5:

In eine 5 mm dicke Stahlplatte sollen drei Bohrungen gebohrt werden. Verwenden Sie beim Bohren eine Bohremulsion.

1. Erstellen Sie eine CNC-gerechte Absolutbemaßung.
2. Die Position des Werkstück-Nullpunkts wurde der Steuerung eingegeben. Das Werkstück ist mit zwei Unterlegleisten festgespannt.
3. Wählen Sie für den HSS-NC-Bohrer (Ø 8) eine geeignete Drehzahl aus.
   $n \approx$ ________ 1/min, $v_c =$ ________ m/min
4. Wählen Sie einen geeigneten Vorschub aus. $f =$ ________ mm
   Bei CNC-Programmen ist es üblich, den Vorschub nicht in mm, sondern als Vorschubgeschwindigkeit in mm/min anzugeben.
   Rechnen Sie um: $v_f = f \cdot n =$ ________________________

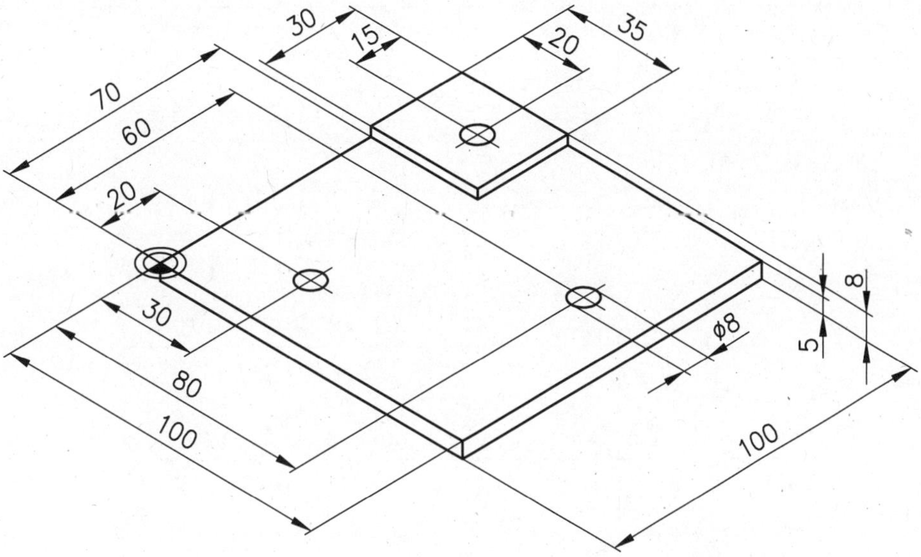

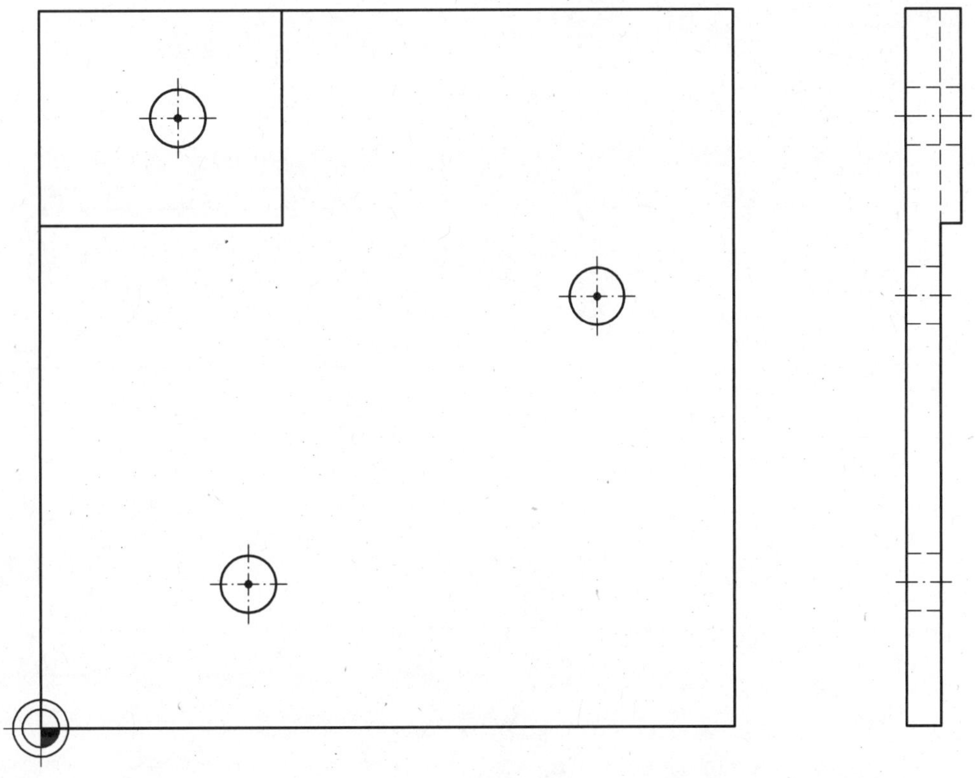

Aufgabe 6: Erstellen Sie das CNC-Programm mit der Programm-Nr. 92.

%

Satz-Nr.	Eingabedaten	Erklärungen

Kreisbewegungen

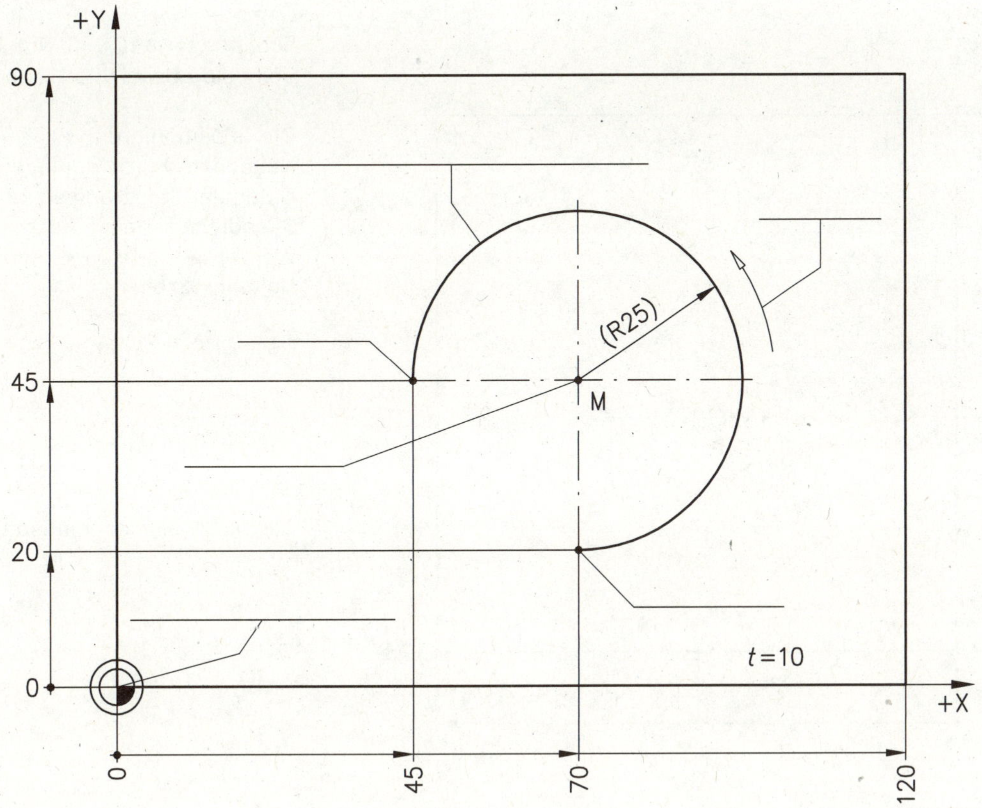

Zusätzliche Daten:

Für das Programmieren einer Kreisbewegung benötigen wir:

Die Koordinaten werden immer vom Kreisanfang (-Punkt) aus inkremental angegeben.

Merke:

I = Parallele zu X

J = Parallele zu Y

K = Parallele zu Z

Beispiel (obige Skizze):

I =

(M liegt auf gleicher Höhe wie der Startpunkt)

J =

(M ist um mm in Richtung positiver Y-Achse versetzt).

Aufgabe 7: Fräsen eines Kreisbogens

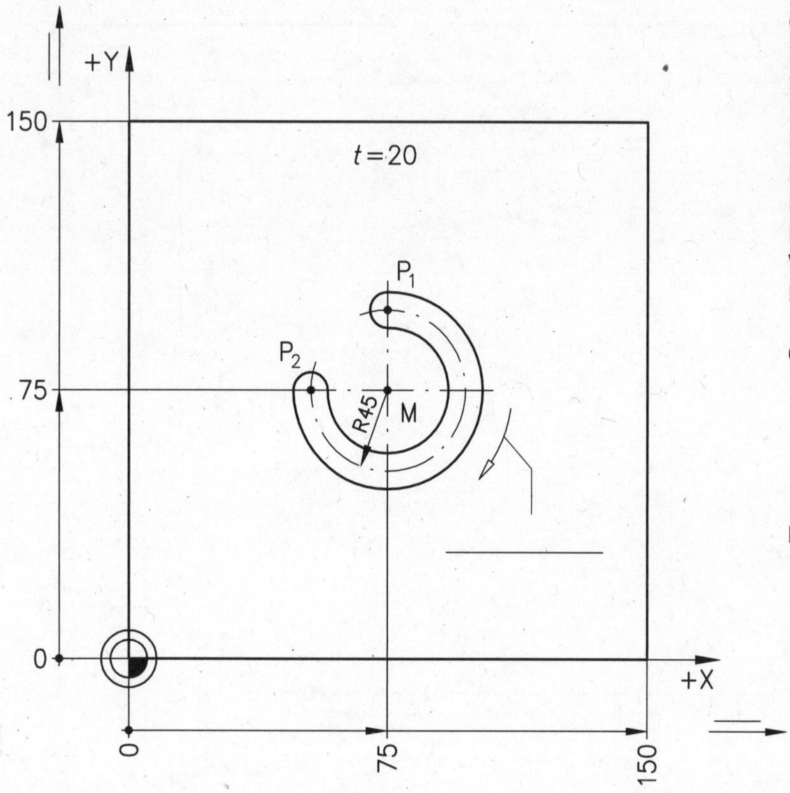

Geg.:
Schaftfräser Ø 10 mm, Nuttiefe 4 mm,
Spindeldrehzahl 800 1/min

Die Positionierung des Werkstück-Nullpunkts wurde durchgeführt und die Daten der Steuerung eingegeben. Nach Beendigung der Fräsarbeit soll das Werkzeug 100 mm über dem Werkstück-Nullpunkt stehen.

Ges.: CNC-Programm

Die Skizze ist nicht maßstäblich.

% 50

Satz-Nr.	Eingabedaten	Erklärungen
		Absolute Maßangabe
		Eilgang zum Punkt P_1, 1 mm über der Werkstückoberfläche
		Spindeldrehzahl 800 1/min, Rechtsdrehung
		Zustellen auf 4 mm Frästiefe, Vorschubgeschwindigkeit 200 mm/min
		Kreisbogen im Uhrzeigersinn, absolute Maßangabe des Zielpunkts P_2 Inkrementale Maßangabe des Kreismittelpunkts M bezogen auf den Startpunkt P_1 I ______ = Mittelpunkt M liegt auf gleicher Höhe wie P_1 J ______ = Mittelpunkt M ist um ______ mm in negativer Y-(J-)Achse von P_1 zurückversetzt
		Freifahren des Werkzeugs
		Im Eilgang auf Werkstück-Nullpunkt, 100 mm über Werkstückoberfläche
		Programmende

Aufgabe 8: Fräsen des Buchstabens „C"

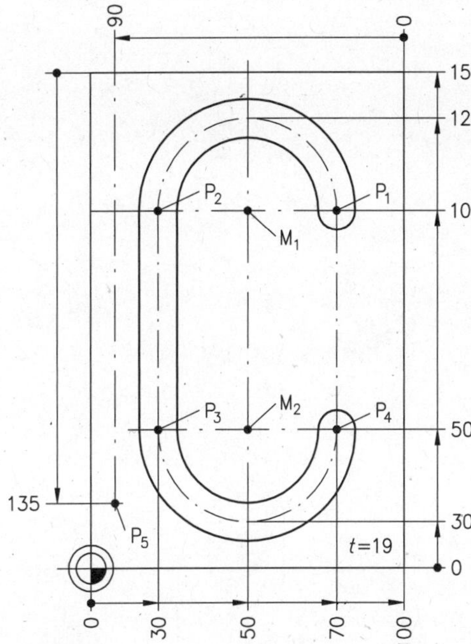

Geg.:
Schaftfräser Ø 10 mm,
Nuttiefe 5 mm

Ges.:
Erklärungen zum CNC-Programm

Die Skizze ist nicht maßstäblich.

% 65

Satz-Nr.	Eingabedaten	Erklärungen
N10	G90	
N20	G00 X70 Y100 Z2 S+850	
N30	G01 F180 Z-5	
N40	G03 F150 X30 Y100 I-20 J0	
N50	G01 X30 Y50	
N60	G03 X70 Y50 I20 J0 F150	
N70	G00 Z80	
N80	G00 X10 Y15 Z100	
N90	M30 (M02)	

L. Steuerungen bei CNC-Maschinen nach PAL

Die Herstellungsbetriebe von CNC-Steuerungen ersetzen manchmal die DIN-Normen durch eigene Bezeichnungen. Eine übergeordnete Programmiersprache ist die sog. PAL-Programmierung (**P**rüfungs**a**ufgaben- und **L**ehrmittelentwicklungsstelle):
Bei Bearbeitungszyklen gibt es gegenüber der DIN-Normung erhebliche Unterschiede.
Diese finden Sie im Tabellenbuch.
Eine PAL-Programmierung muss zur jeweiligen Maschinensteuerung passend übersetzt werden.

Die Sicherheitseinrichtungen an den Maschinen haben folgende Aufgaben zu erfüllen:

- Für den Bediener –
- Für die Maschine –
- Für die Umwelt –

A. Unfallschutz für den Bediener der Maschine

Nennen Sie solche Unfallschutzmaßnahmen.

B. Verlängerung der Lebensdauer der Maschine

C. Schutz der Umwelt

Konstruktionsmechanik	Datum:	Herstellen von Baugruppen aus Blechen	Lernfeld 5
Name:	Klasse:	*Blechversteifungen (Randversteifungen)*	16

A. Vorteile der Randversteifungen an Blechen

–

–

–

–

B. Umschläge

Ordnen Sie die Stichwörter den Skizzen zu:
Hohlumschlag, Doppelumschlag, Rollumschlag, Einfachumschlag.

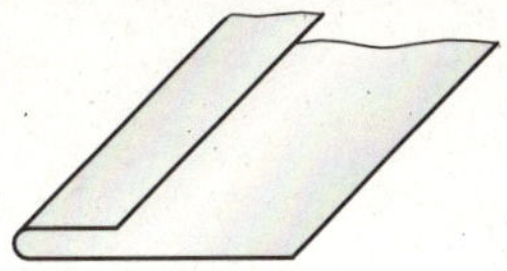	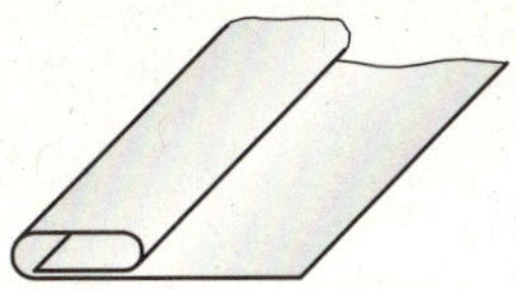	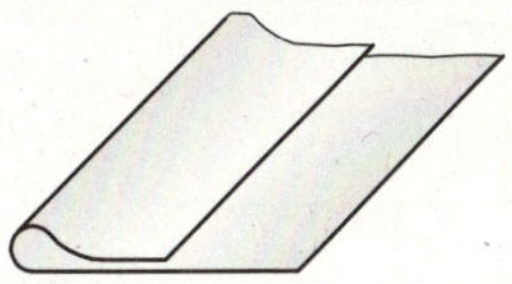	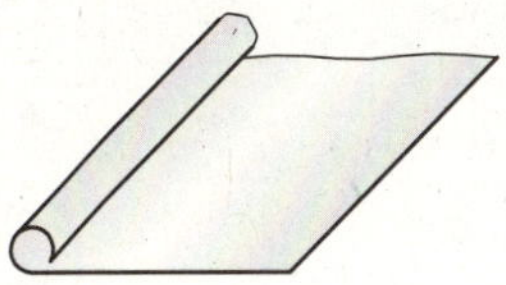

C. Drahteinlagen

Beim Drahteinlegen wird der Rand des Blechteils um einen Draht gerollt.

Ordnen Sie die Stichwörter den nebenstehenden Skizzen zu:

Durchgesetzte Drahteinlage, einfache Drahteinlage.

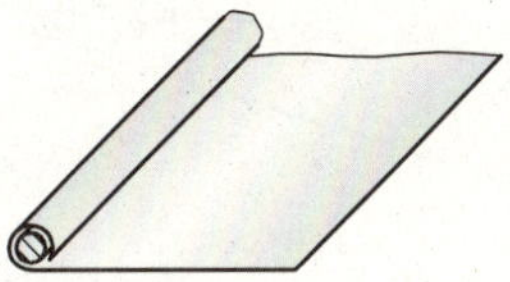	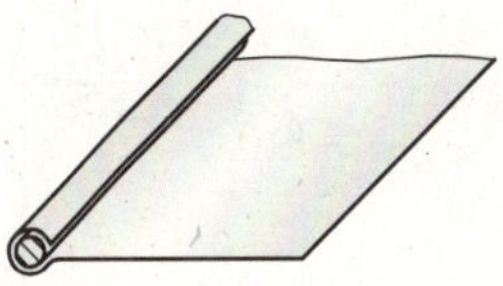

D. Wulste

Wulste sind hohle Randversteifungen an geraden Blechkanten.

Ordnen Sie die Stichwörter den Skizzen zu:
Ziehwulst, ganzer Wulst, $^{1}/_{2}$-Wulst, Dreikantwulst, $^{3}/_{4}$-Wulst.

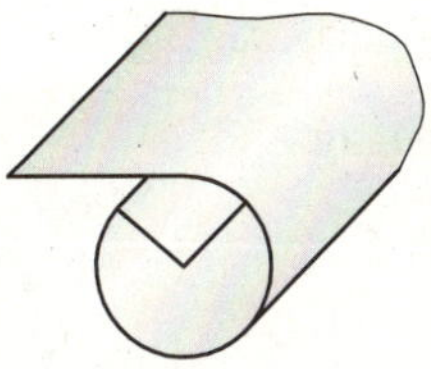	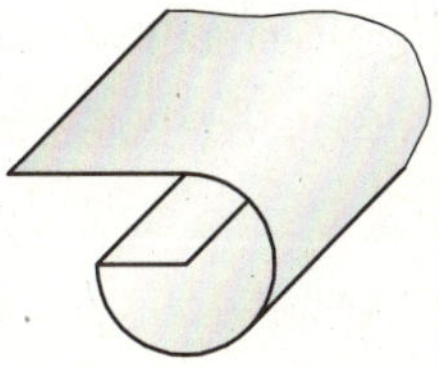	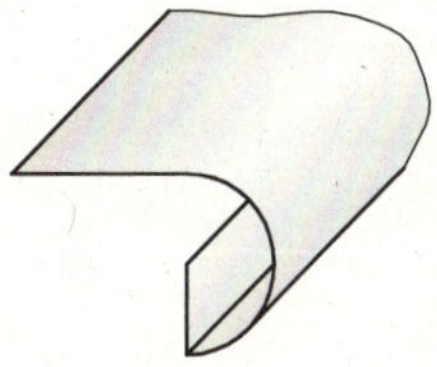	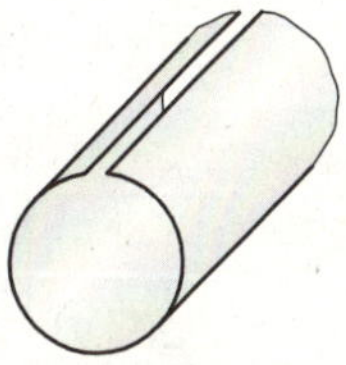	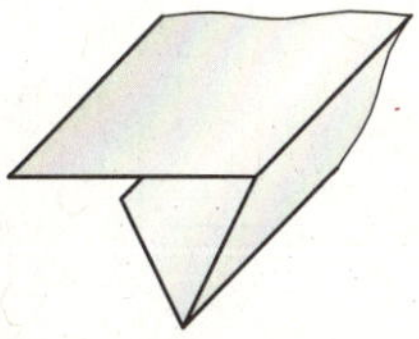

Wulstmaschine

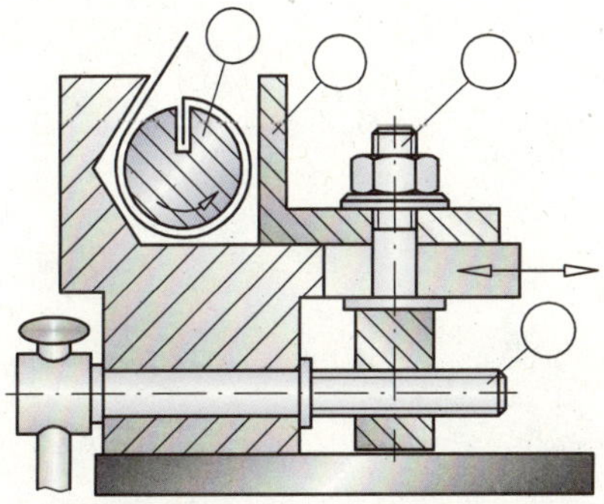

Tragen Sie die entsprechenden Ziffern ein.

① Einstellschraube

② verstellbare Winkelschiene

③ Spannschraube

④ drehbarer Wulststab

Konstruktionsmechanik	Datum:	Herstellen von Baugruppen aus Blechen	Lernfeld 5
Name:	Klasse:	*Blechversteifungen (Randversteifungen)*	16

E. Sicken

Sicken sind rillenförmige Vertiefungen im Blech.

1. Verwendung

2. Handwerkzeuge

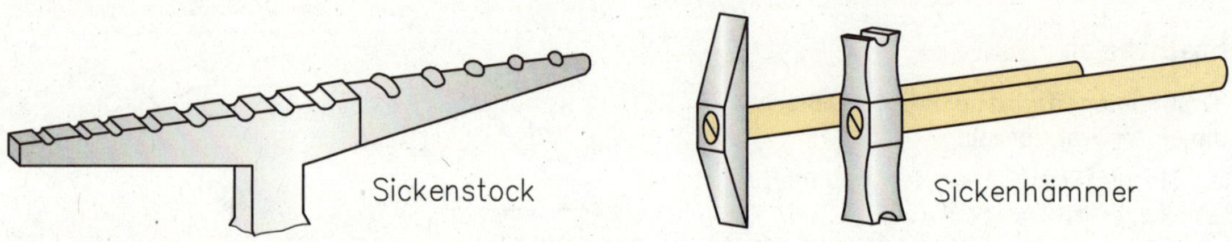

3. Sickenmaschine

Das maschinelle Sicken wird mit unterschiedlich breiten, paarweise austauschbaren Walzen an der Sickenmaschine ausgeführt.

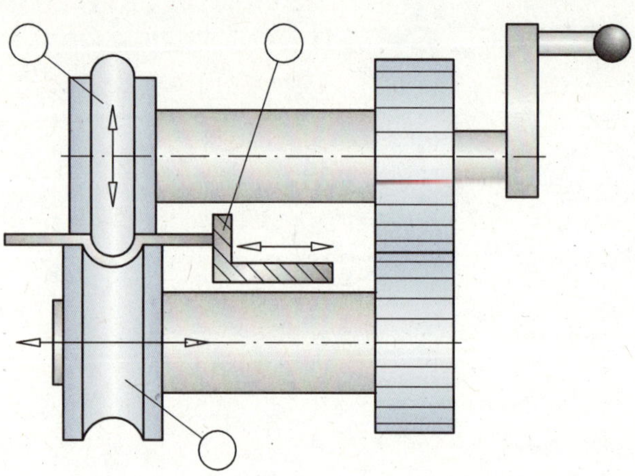

① Verstellbare obere Sickenwalze

② Verstellbare untere Sickenwalze

③ Verstellbarer Anschlag

Konstruktionsmechanik	Datum:	**Herstellen von Baugruppen aus Blechen**	Lernfeld 5
Name:	Klasse:	*Falzen*	17

Dünnbleche bis zu 1 mm Dicke werden durch Falzen verbunden.

A. Vorteile des Falzens

–
–
–
–
–
–

B. Falzarten

Ordnen Sie die Stichwörter den Skizzen zu:
Mantelfalz, Schwedenfalz, Stehfalz, Schnappfalz, Rohrfalz, Liegefalz, Winkelfalznaht, Bodenfalz nach innen, Bodenfalz nach außen.

 Einfacher Falz	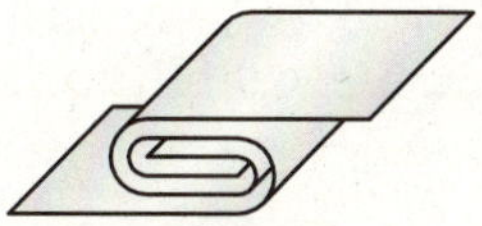 Doppelter Falz	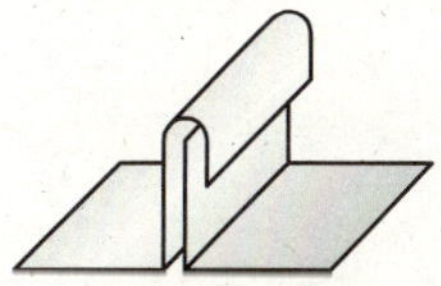 Einfacher Falz	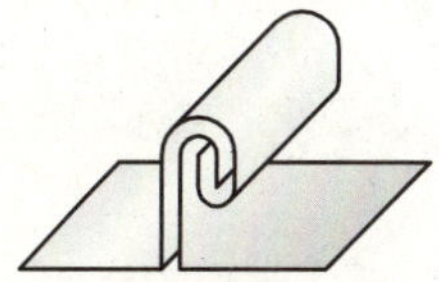 Doppelter Falz
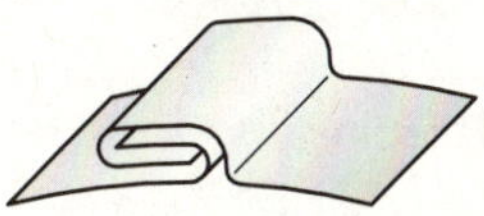 außen durchgesetzt	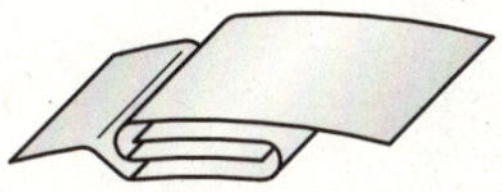 innen durchgesetzt	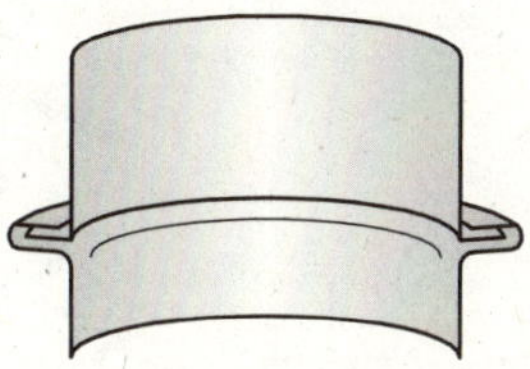 Einfacher Falz	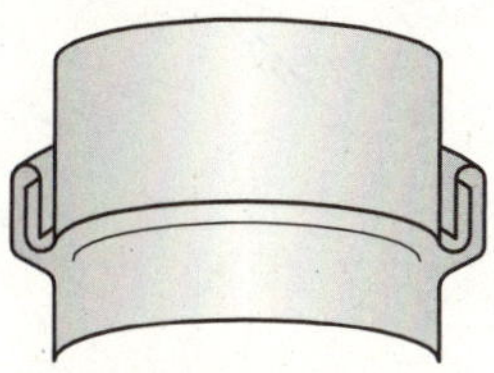 Doppelter Falz
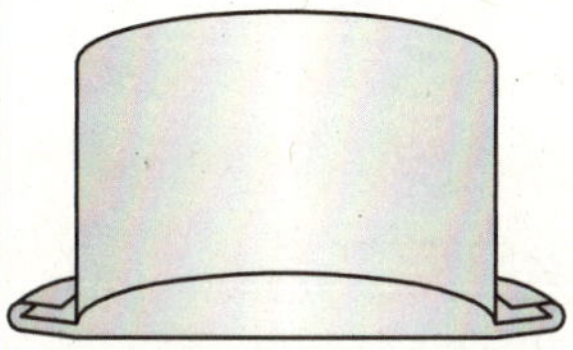 Einfacher Falz	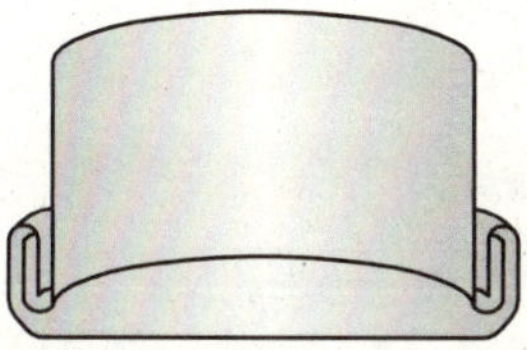 Doppelter Falz	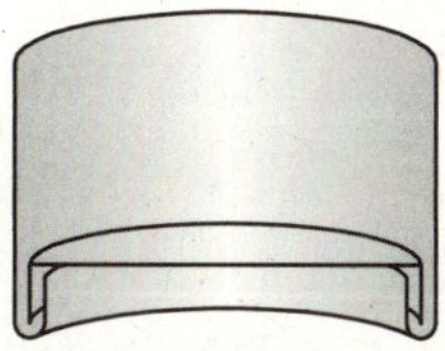 Einfacher Falz	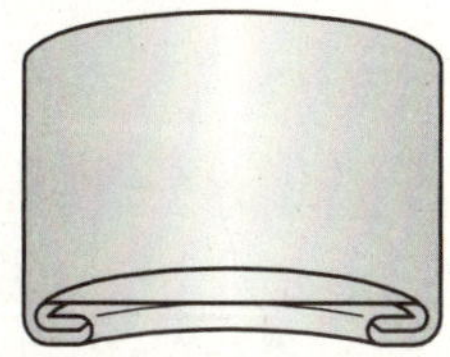 Doppelter Falz
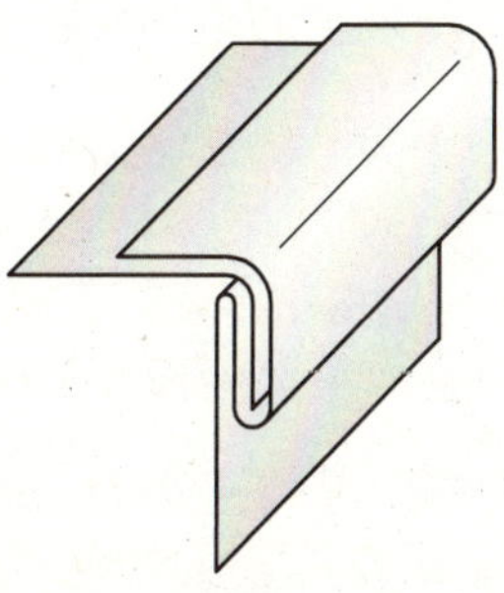 Amerikanische	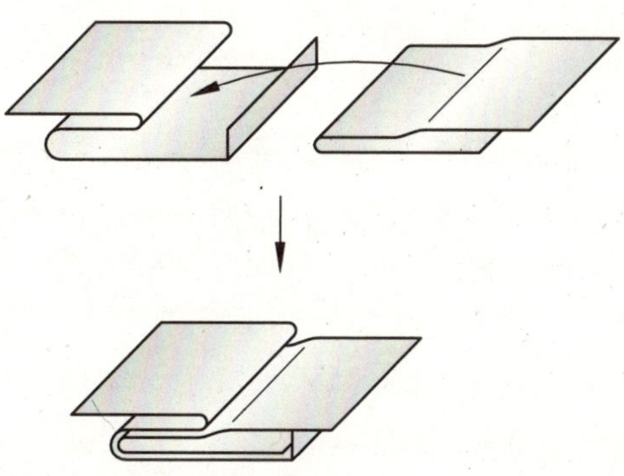	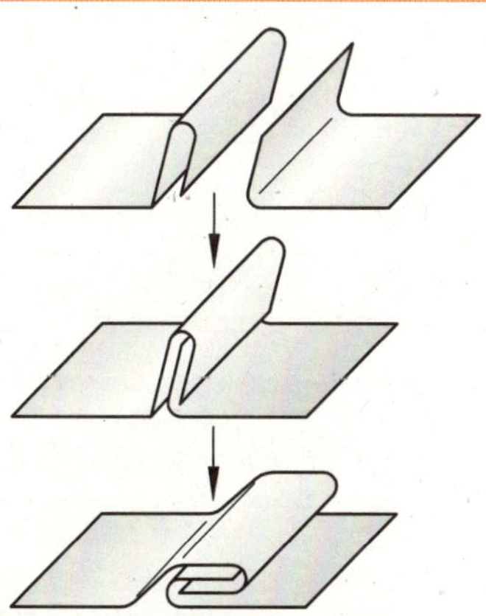	

C. Handwerkliches Herstellen eines durchgesetzten Liegefalzes

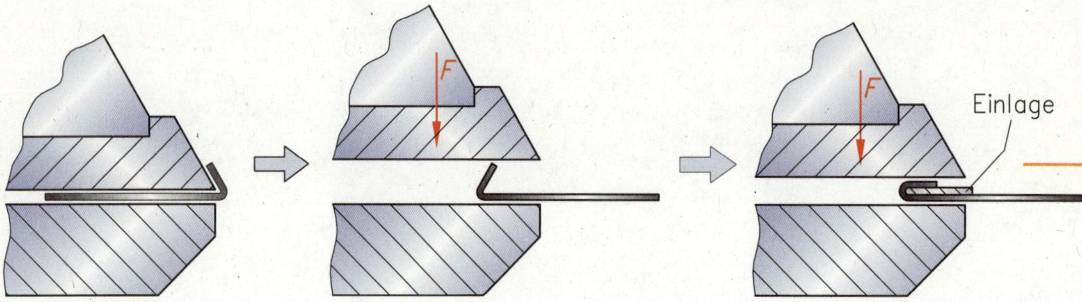

oder

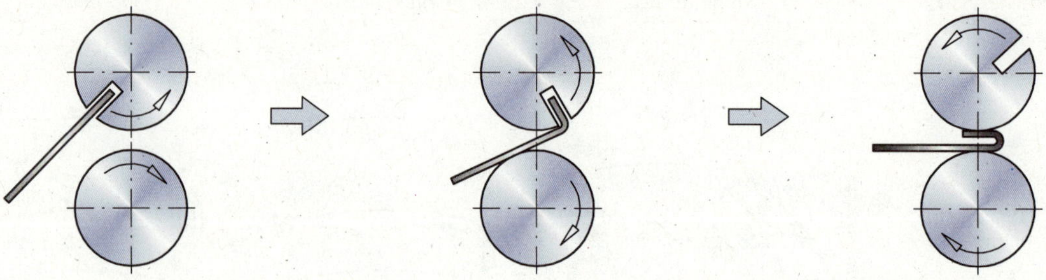

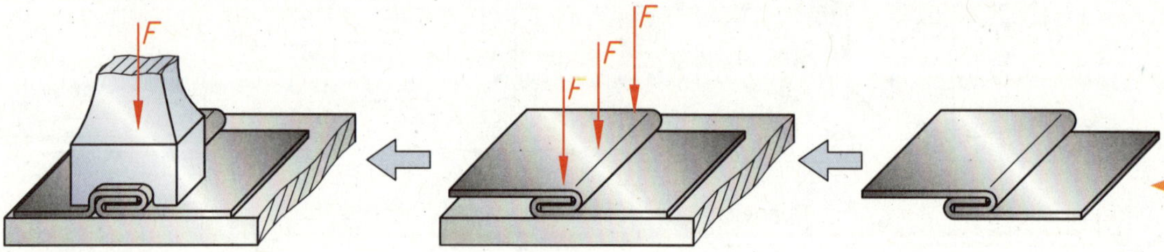

Wie können die Bleche einer Falzverbindung gegen das Lösen (Herausziehen) gesichert werden?

Konstruktionsmechanik	Datum:	Herstellen von Baugruppen aus Blechen	Lernfeld 5
Name:	Klasse:	*Nieten*	18

Durch Nieten werden unlösbare Verbindungen hergestellt. Es lassen sich gleiche und verschiedene Werkstoffe miteinander fügen.

A. Nietverbindungsarten

Nietverbindung

Lose Nietverbindung	Feste Nietverbindungen	
	Fest-Nietung	Dicht-Nietung
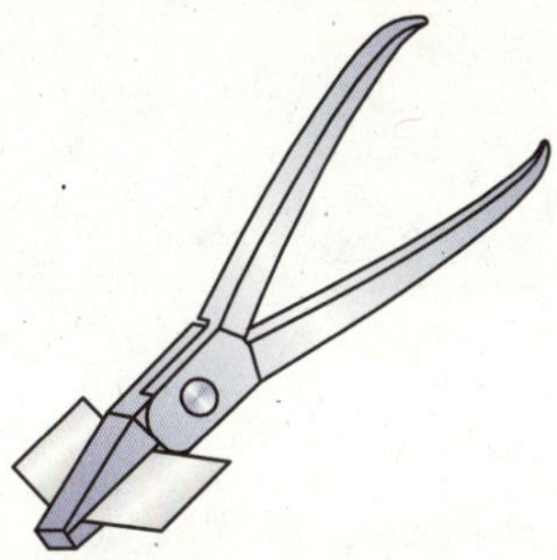	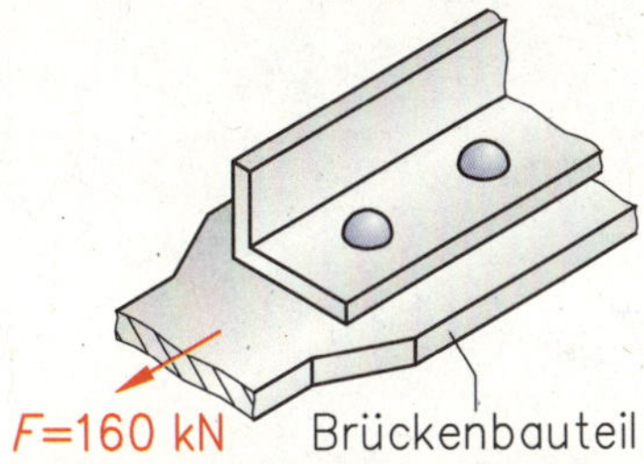	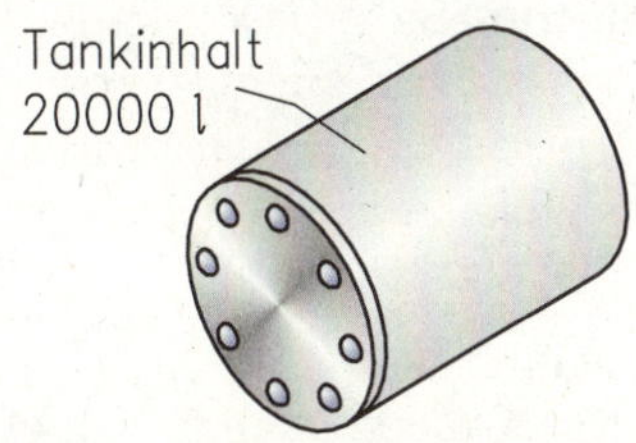
Teile sind beweglich	Teile sind nicht beweglich	

B. Nietvorgang und Nietwerkzeuge

Benennen Sie die skizzierten Arbeitsstufen.

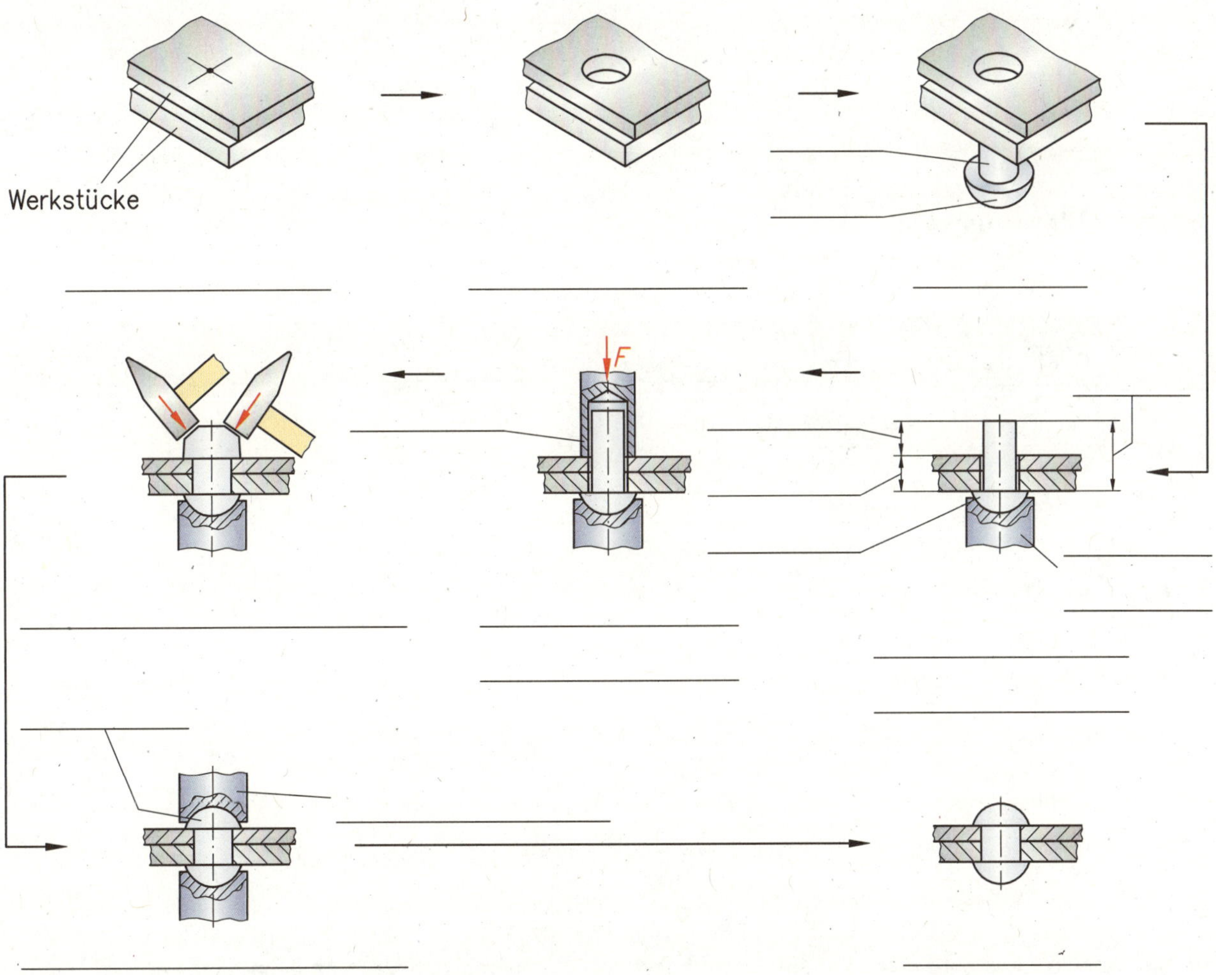

C. Nietzugabe und Nietschaftlänge bei Halbrund- und Senknieten

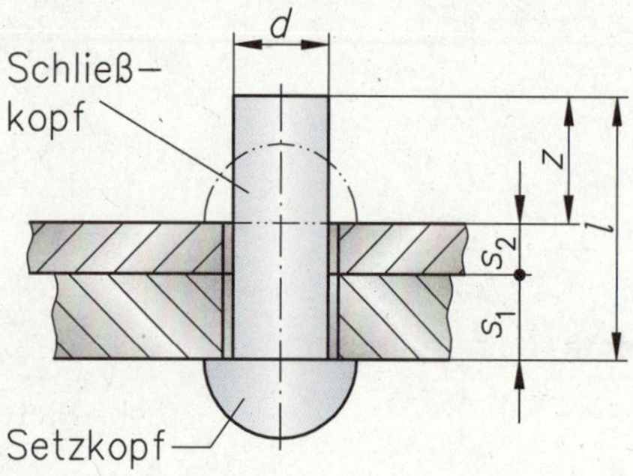

d = Nietdurchmesser
$s_1, s_2 \ldots$ = Klemmlängen
z = Zugabe
l = Nietschaftlänge

$l =$ ____________

Nietzugabe

	Halbrundkopf	Senkkopf
Kaltnieten Nietzugabe z (mm)	$z = 0{,}1 \cdot (s_1 + s_2 + \ldots) + 1{,}3 \cdot d$	$z = 0{,}1 \cdot (s_1 + s_2 + \ldots) + 0{,}5 \cdot d$
Warmnieten Nietzugabe z (mm)	$z = 0{,}1 \cdot (s_1 + s_2 + \ldots) + 1{,}5 \cdot d$	$z = 0{,}1 \cdot (s_1 + s_2 + \ldots) + 0{,}7 \cdot d$

Aufgabe: Berechnen Sie Zugabe und Länge (in mm) eines warmgenieteten Halbrundkopfs. Der Niet hat 12 mm Durchmesser, die beiden Bleche sind 16 und 25 mm dick.

Geg.:
Ges.:

D. Nietfehler (Auswahl)

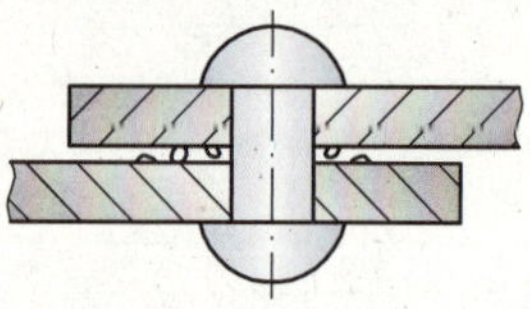

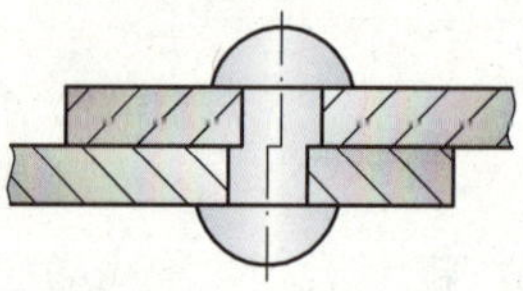

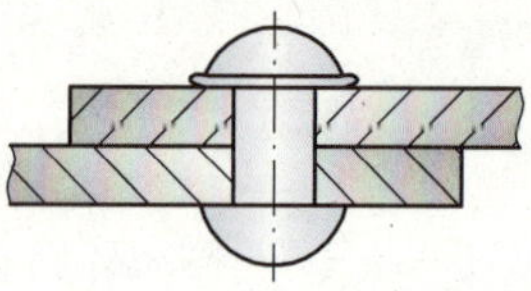

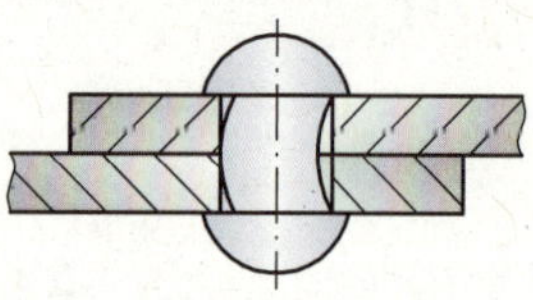

E. Nietwerkstoffe

Werkstoff-Eigenschaften:

Werkstoffe:

Sie haben die Kontakt-Korrosion bereits kennengelernt. Worauf müssen Sie dann beim Nieten achten?

F. Nietverfahren und Beanspruchung der Nietverbindung

______________-Nieten (20 °C)

______________-Nieten (1 000 °C)

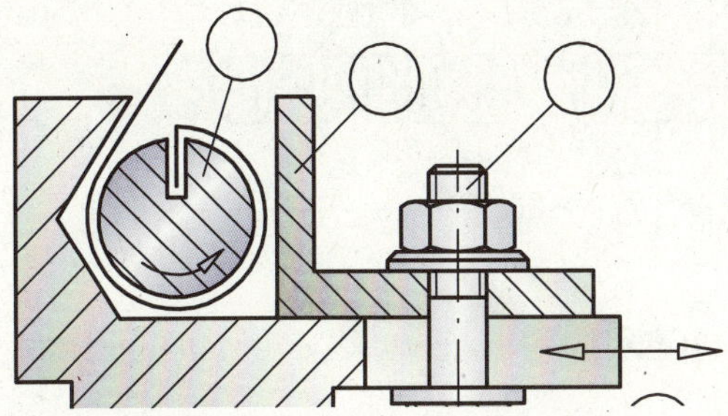

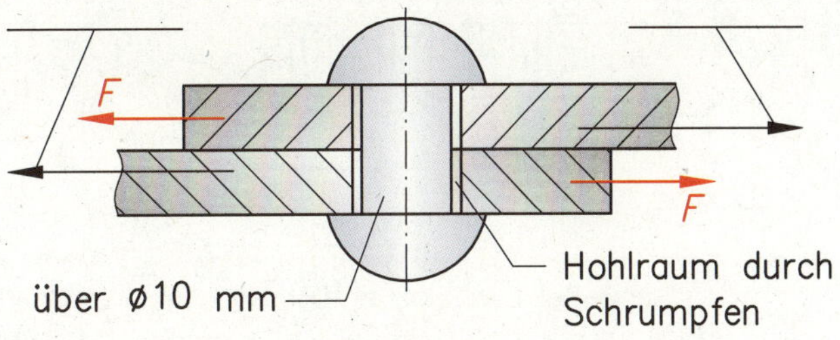

G. Nietformen

Benennen Sie die skizzierten Nieten:

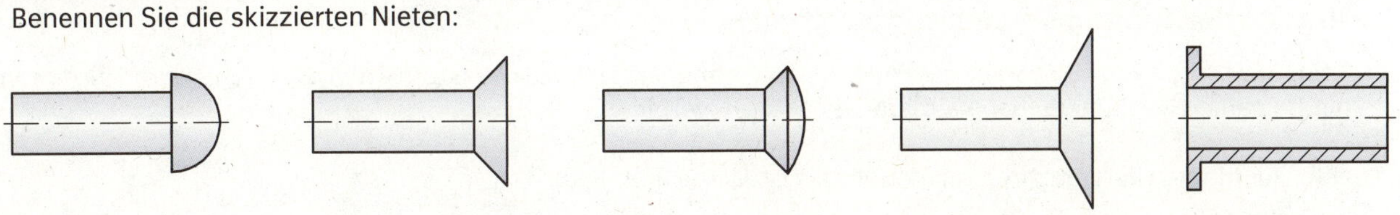

__________ - Niet | __________ - Niet | __________ - Niet | __________ - Niet | __________ - Niet

1. Blindnietung

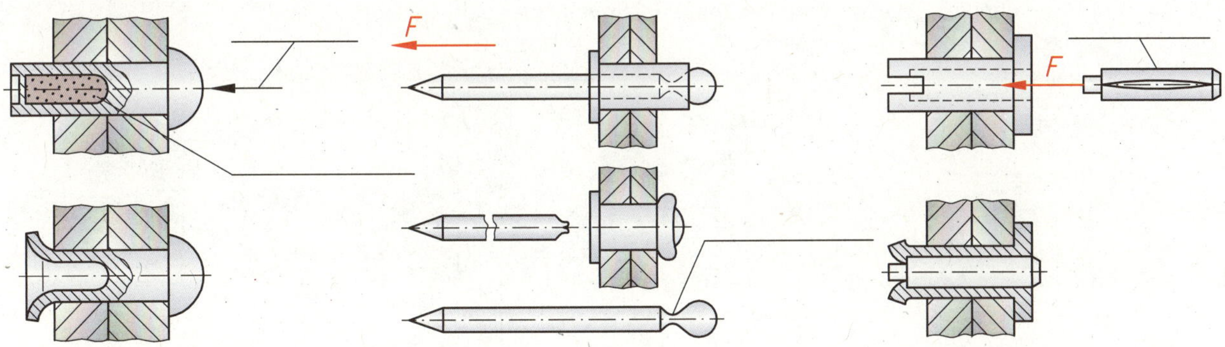

__________ - Niet | __________ - Niet | __________ - Niet

Anwendung: ______________________________

2. Hohlnietung

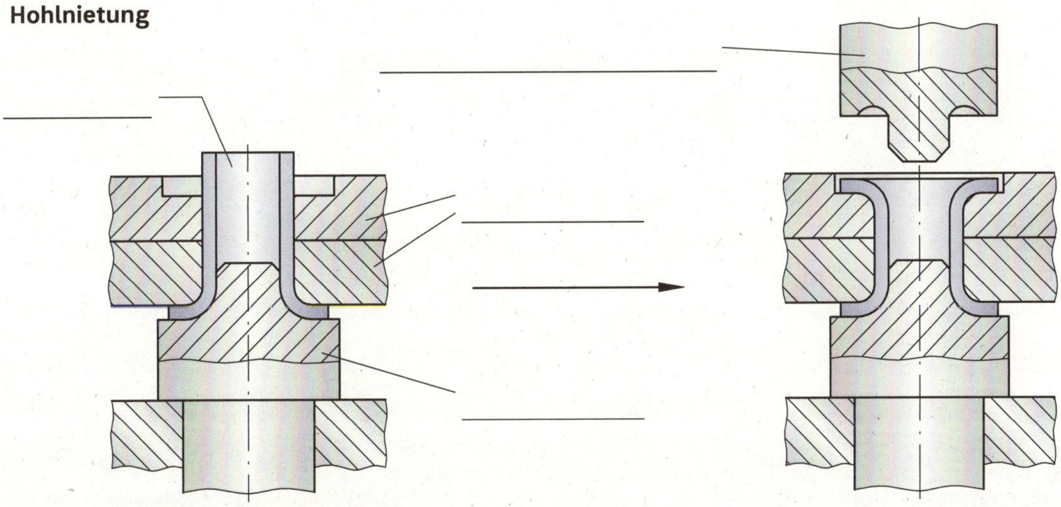

Für Nietverbindungen mit geringer Festigkeit.

3. Schließring-Bolzennietung

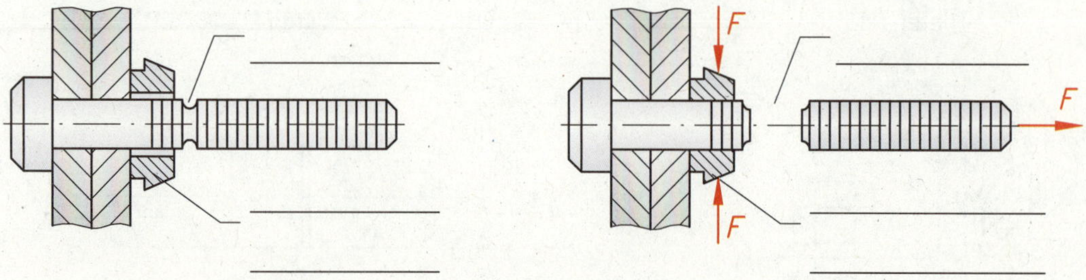

Das Schließen des Rings und das Brechen des Bolzens wird mit einem Spezialwerkzeug durchgeführt. Schließring-Bolzennietungen können sehr große Kräfte übertragen.

Bei Hohl- und Schließring-Bolzennietungen müssen die Bauteile von zwei Seiten zugänglich sein.

H. Nietverbindungen im Leichtmetallbau

Beim Schweißen von kaltverfestigten Al-Profilen vermindert sich die Werkstofffestigkeit. Deshalb sind die Nietverbindungen im Leichtmetallbau haltbarer als Schweißverbindungen.

Gebräuchliche Nietverfahren mit Aluminium-Nieten

1. Vollnieten

Aluminium-Vollnietverbindungen werden kalt hergestellt. Der Nietschaft muss die entgratete Bohrung vor der Vernietung vollständig ausfüllen. Dies bewirkt eine größere Festigkeit der Nietverbindung.

2. Aluminium-Blindnieten

Sie werden dann eingesetzt, wenn die Bauteile nur von einer Seite zugänglich sind.

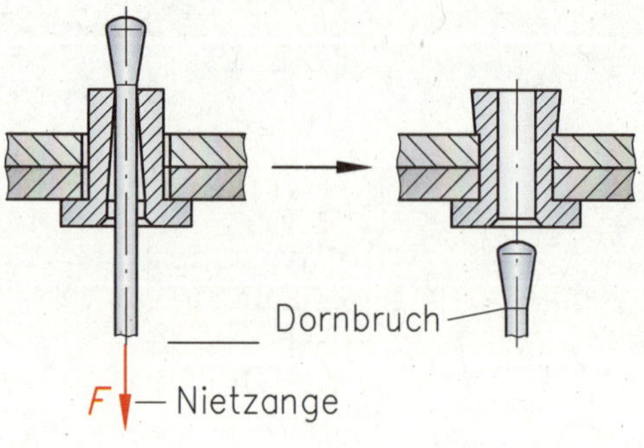

Durchzug-Vernietung

Nietung ist offen: ____________

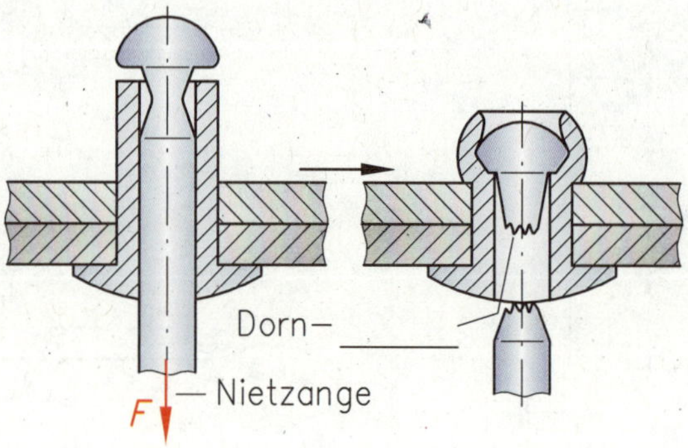

Dorn-Vernietung

Nietung ist geschlossen: ____________

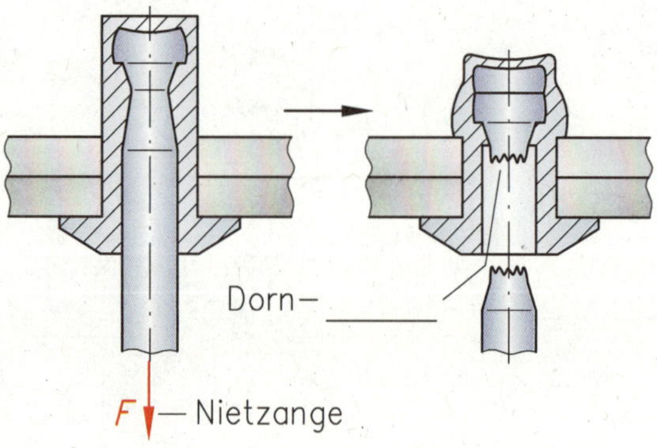

IMEX-Vernietung

Nietung ist geschlossen: ____________

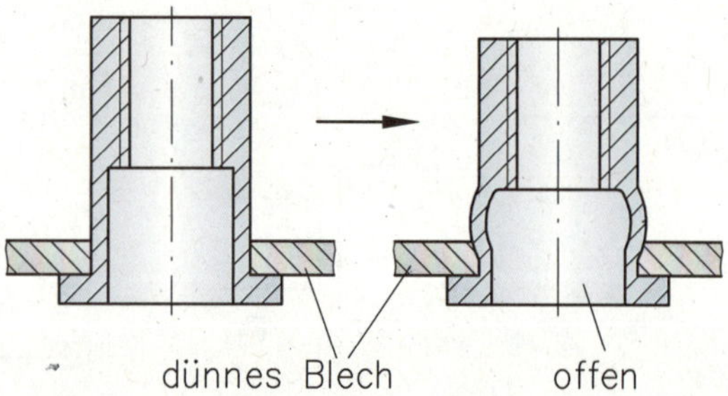

Blind-Einniet-Mutter

I. Ausführungsarten

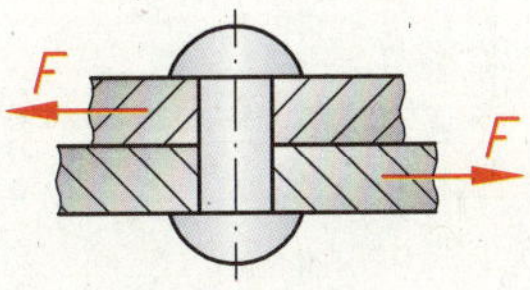

Einschnittige
Überlappungsnietung

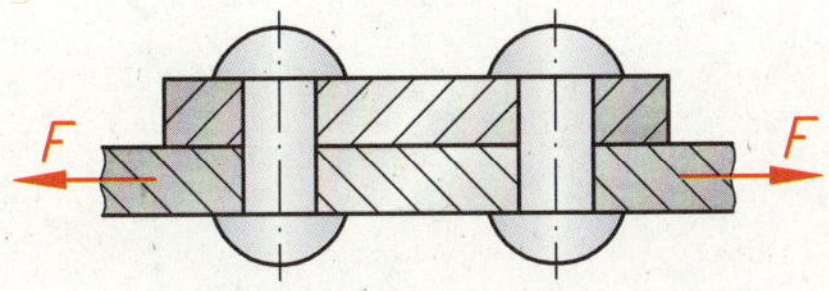

Einschnittige
einfache Laschennietung

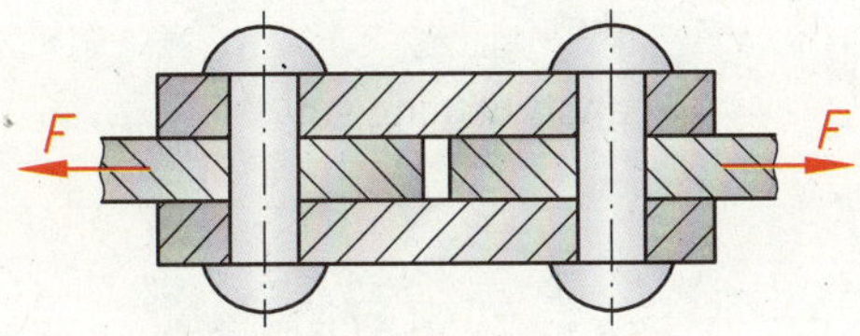

Zweischnittige
doppelte Laschennietung

J. Vorteile beim Nieten

K. Nachteile beim Nieten

L. Aufgabe

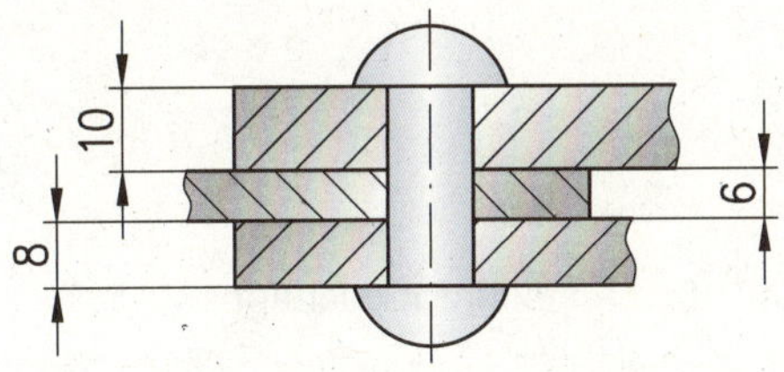

Die Skizze zeigt eine zweischnittige doppelte Laschennietung mit einem Halbrundniehtdurchmesser von 16 mm. Berechnen Sie die Zugabe und die Länge in mm.

Konstruktionsmechanik	Datum:	Herstellen von Baugruppen aus Blechen	Lernfeld 5
Name:	Klasse:	*Berechnungen an Nieten*	19

1. Das Material soll getrennt werden, Trennung

   z. B. durch ______

   = Beanspruchung auf ______

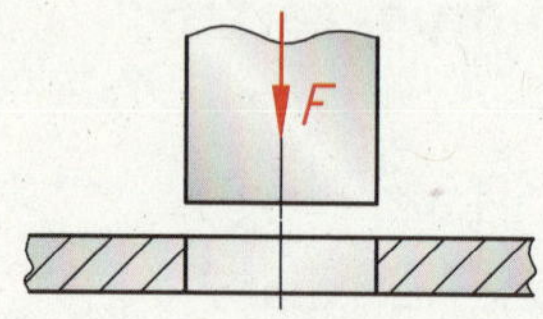

2. Das Material darf nicht getrennt werden, Verbindung

   z. B. bei ______

   = Beanspruchung auf ______

Der skizzierte Niet wird auf Schub beansprucht. Seine Mindeststreckgrenze beträgt 340 N/mm^2, die Sicherheit soll 2-fach sein.

a) Wie groß (in N/mm^2) ist die Scherfestigkeit?
b) Wie viel N/mm^2 beträgt die zulässige Schubspannung?
c) Mit welcher Kraft (in N) darf der Niet auf Schub belastet werden?
d) Ergänzen Sie die Skizzen mit genormten Symbolen (Hilfsmittel: Tabellenbuch).

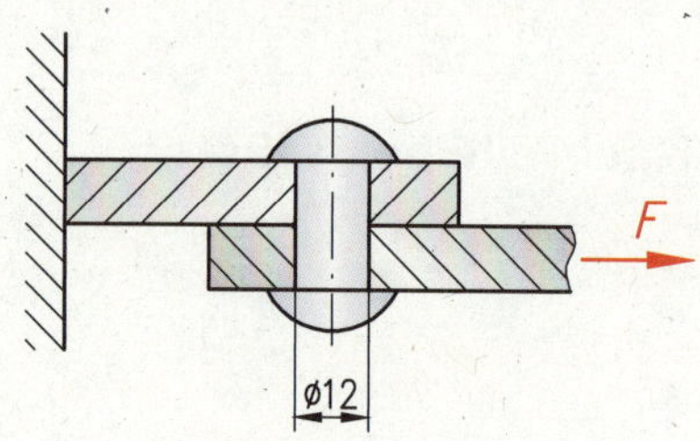

Geg.: ______

Ges.: a) ______ b) ______ c) ______

a) Die Scherfestigkeit kann bei den Metallen mithilfe der Mindeststreckgrenze R_e errechnet werden:

τ_{aF} = ______

τ_{aF} = ______

τ_{aF} = ______

b) Der Niet darf nicht getrennt werden; es wird deshalb eine bestimmte Sicherheit berücksichtigt:

$\tau_{a\,zul}$ = ______ (N/mm^2) ______ in ______

______

$\tau_{a\,zul}$ =

______

$\tau_{a\,zul}$ = ______

c) A =

______

A =

______

A = ______

Auf ______ mm^2 ⟶ ______ N,

auf ______ mm^2 ⟶ ______ = ______ N

F = ______ (N) ______ in ______

______ in ______

d)

Einreihige Überlappungsnietung eingebaut in der Werkstatt	Einreihige Überlappungsnietung gebohrt und eingebaut auf der Baustelle
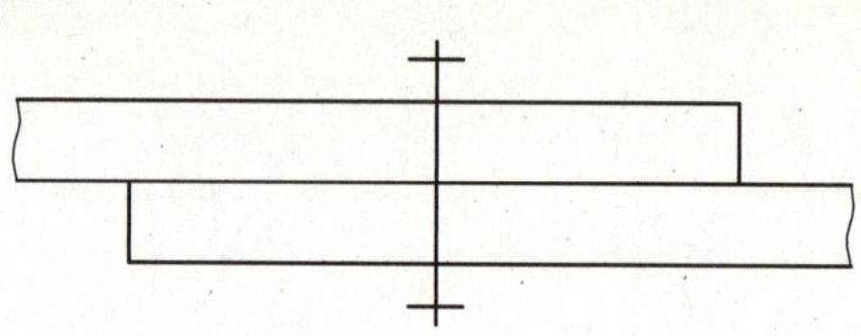	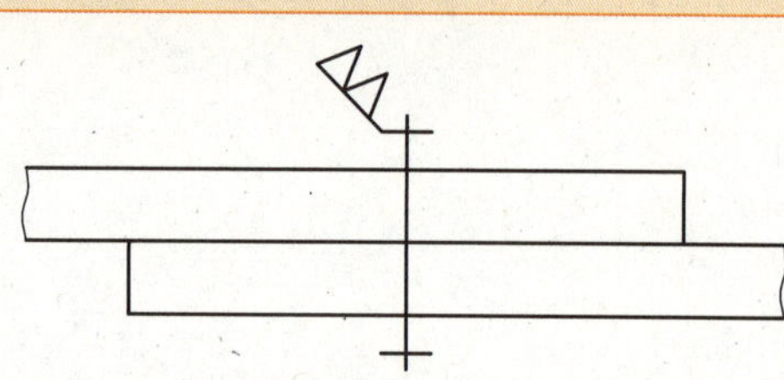

1. Aufgabe: Mit welcher Kraft (in kN) darf ein Niet mit 8 mm Durchmesser auf Schub beansprucht werden, wenn die Mindeststreckgrenze 340 N/mm² beträgt und 4-fache Sicherheit vorhanden sein soll?

2. Aufgabe: Ein Niet wird mit der Kraft von 30,1 kN auf Schub beansprucht. Welcher Durchmesser (in mm) ist zu wählen, wenn die Mindeststreckgrenze 370 N/mm² beträgt und 2,5-fache Sicherheit gefordert ist?

3. Aufgabe: Mit welcher Kraft (in kN) kann die skizzierte zweischnittige Nietverbindung beansprucht werden, wenn die zulässige Scherspannung 230 N/mm² beträgt? Zeichnen Sie die gefährdeten Querschnitte ein.

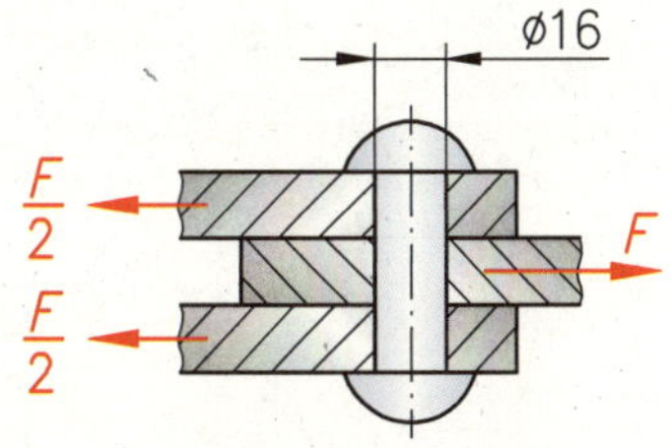

Schrauben zählt zu den lösbaren Verbindungen.

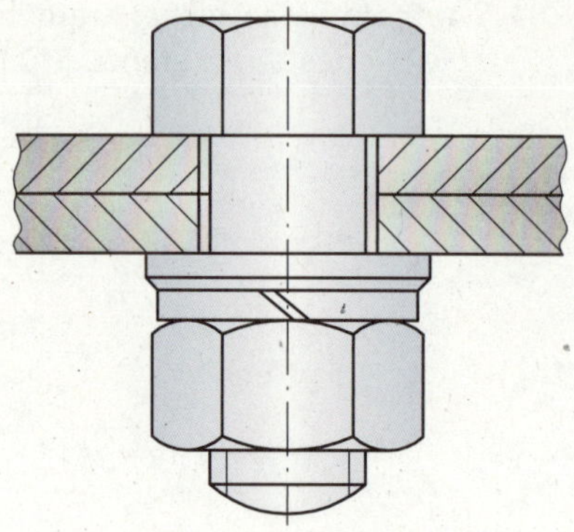

A. Durchsteck-Kopfschraube

Ist die Verschraubung von beiden Seiten zugänglich, können die Bleche mit folgenden Bauteilen verbunden werden:

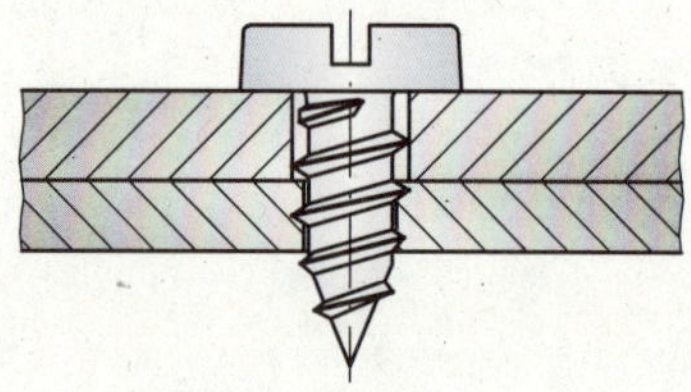

B. Blechschraube

Ist die Verschraubung nur von einer Seite zugänglich, werden Blechschrauben verwendet.
Die gehärteten Blechschrauben formen ihr Innengewinde selber.

Blechschrauben (Auswahl)

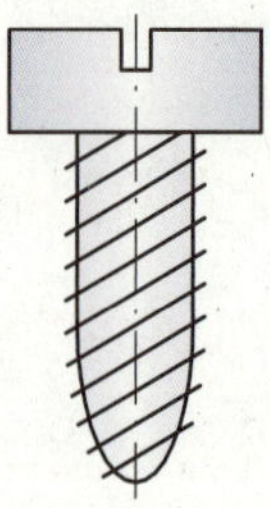	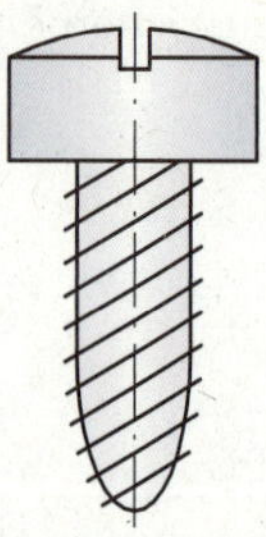	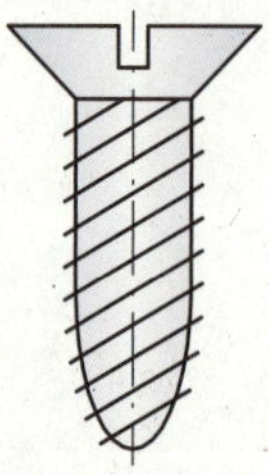	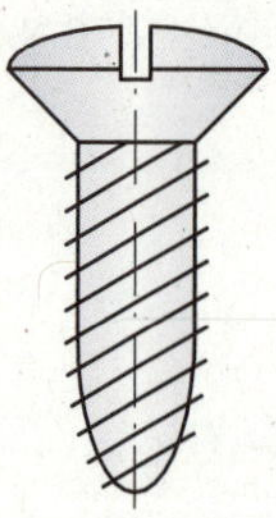	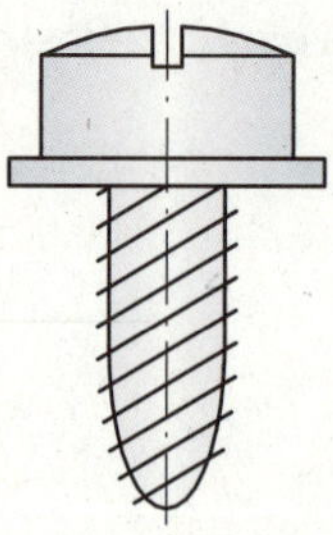	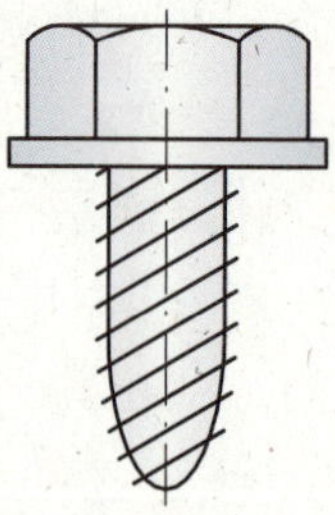
ISO 1481	ISO 7049	ISO 1482	ISO 1483	ISO 10510	
Bei Blechschrauben mit Kreuzschlitz oder Torx ändert sich die ISO-Norm-Nummer.					
Spitzes Schraubenende: Form C oder R Flaches Schraubenende: Form F					

C. Bohrschrauben mit Blechschraubengewinde

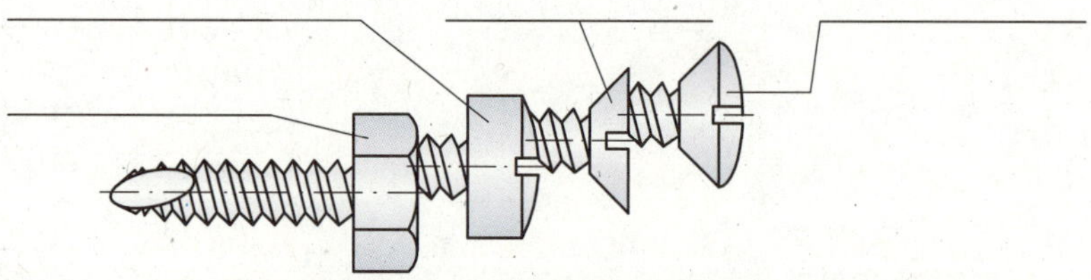

Gehärtete Blechschrauben gibt es mit Schlitz, Kreuzschlitz und Torx. Sie stellen die Vorbohrung selbst her. Zum Eindrehen werden Elektroschrauber verwendet.
Im Außenbereich verhindern Abdichtscheiben das Eindringen von Wasser.

D. Gewindefurchende Blechschraube mit Blechschraubengewinde

Diese Schrauben formen das Gewinde spanlos.
Unter dem Schraubenkopf ist eine drehbare unverlierbare Scheibe mit Kunststoffbelag angebracht. Man nennt sie deshalb auch Kombi-Schraube.

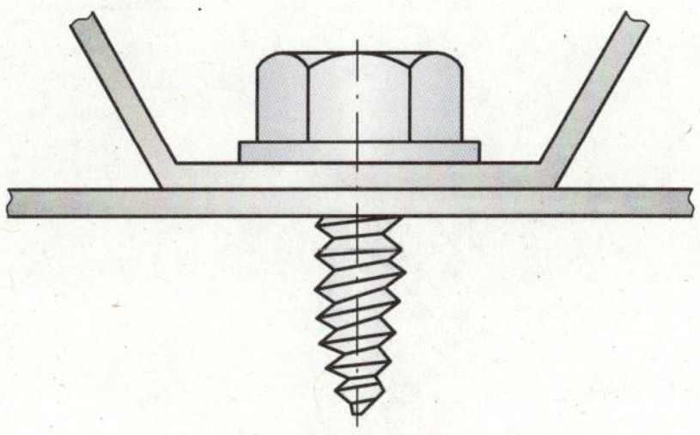

E. Gewindeschneidschraube mit metrischem ISO-Gewinde

Dickere Bleche können mit gehärteten Gewindeschneidschrauben verbunden werden.
Der Schraubenschaft ist ähnlich dem Innengewindebohrer.

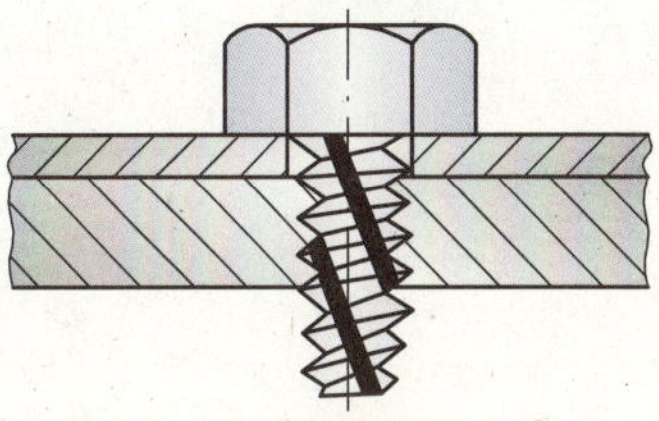

Schneidschraubengröße	M 3	M 4	M 5	M 6	M 8
Vorbohrungsdurchmesser für metrische Schrauben (mm)	2,5	3,3	4,2	5,0	6,8
Vorbohrungsdurchmesser der Schneidschrauben (mm)	2,7	3,6	4,5	5,9	7,4

Vergleichen Sie die Durchmesser beim Vorbohren der Schneidschrauben mit metrischen Schrauben.

F. Anniet- und Schweißmutter

Annietmutter (DIN 987)

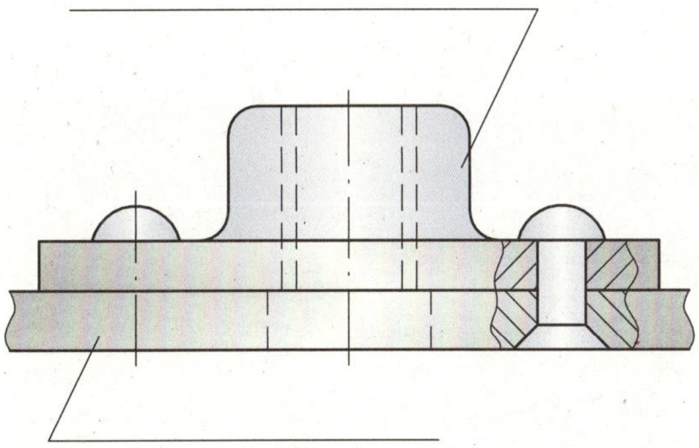

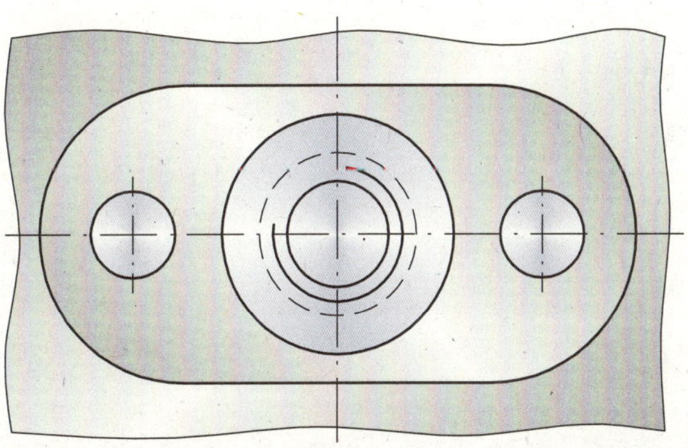

Schweißmutter (DIN 929)

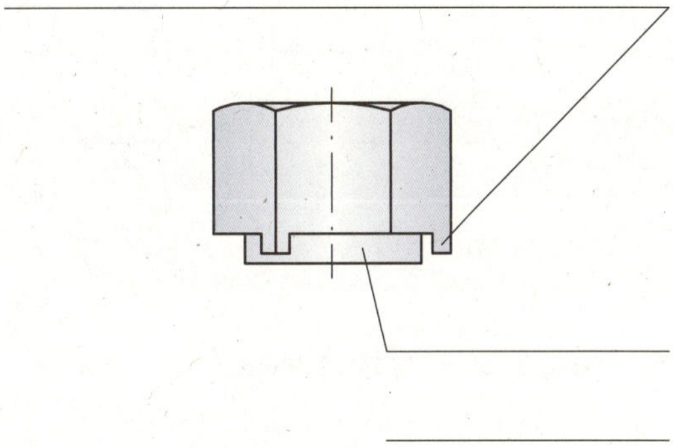

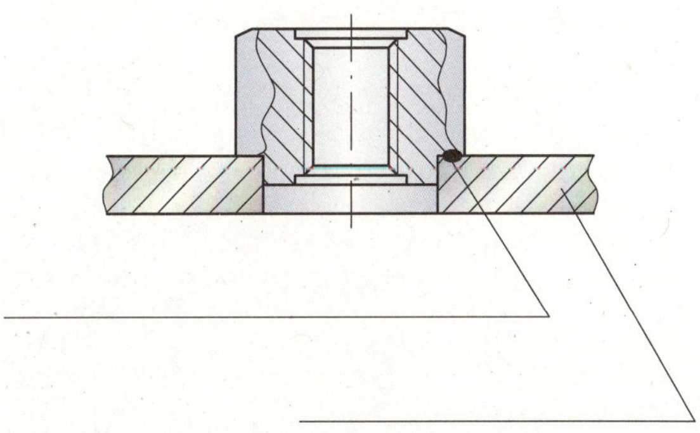

Die Blechstärke von Blechen und Hohlprofilen kann dünn sein. Wie kann dieser Nachteil verbessert werden?

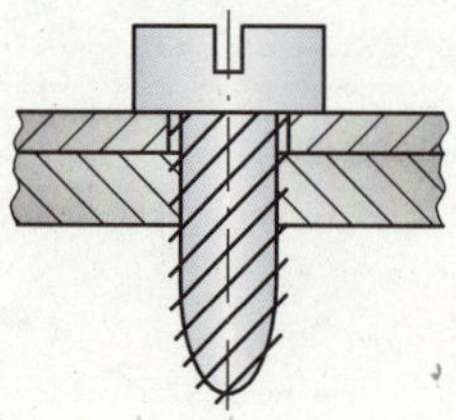		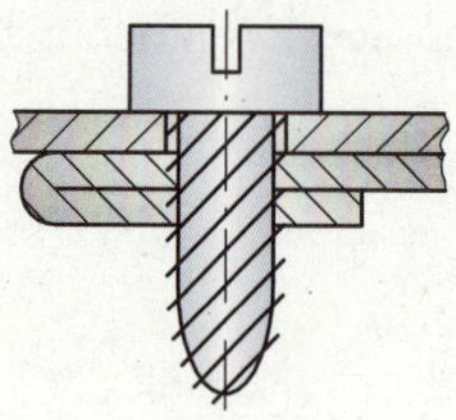	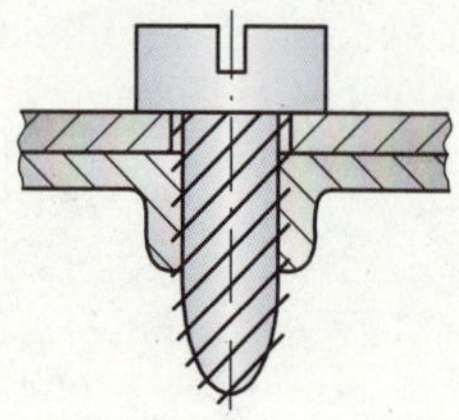
	Dünnes Blech und	Blech mit	Blech mit Blechdurchzug

G. Kernlochdurchmesser für Blechschrauben (Auswahl)

Blechdicke *s* (mm)	Kernlochdurchmesser (mm)	
	Schraubengröße ST 3,5	Schraubengröße ST 4,8
0,6 1,2 2,0	2,7 2,8 3,0	3,7 3,9 4,0

Das Gewinde der Schraube drückt sich in den Werkstoff und formt den Gewindegang. Bei dünnen Blechen ist deshalb mehr Material erforderlich.

Dickeres Blech ⟶ ______ Kernlochdurchmesser

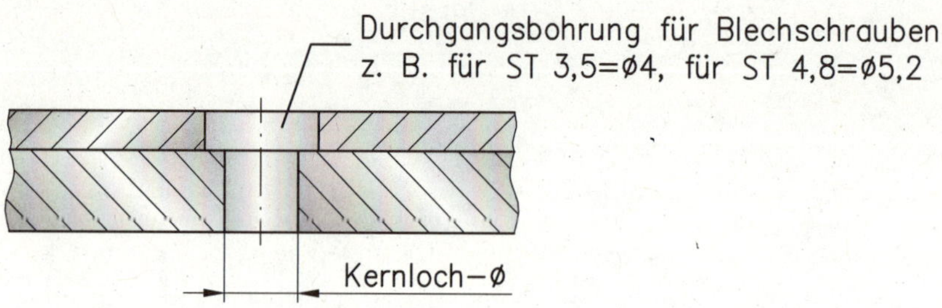

H. Normung der Blechschrauben

Erklären Sie die folgenden Abkürzungen.

1. Blechschraube ISO 7049 – ST 3,5 x 25 – C

ISO 7049: ______

ST 3,5: ______

25: ______

C: ______

2. Bohrschraube ISO 15483 – ST 4,8 x 38 – F

ISO 15483: ______

ST 4,8: ______

38: ______

F: ______

Beachte: Die Kreuzschlitze von Blechschrauben können die Form Z oder H haben, z. B. Blechschraube ISO 7050 – ST 5,5 x 22 – F – Z

Beim Pressschweißen werden die Werkstücke ohne Zusatzwerkstoff in teigigem Zustand durch Pressen verbunden.

A. Punkt-Schweißen

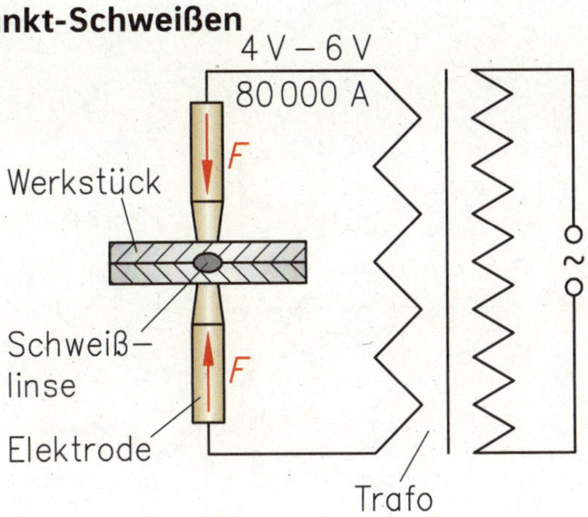

Die übereinanderliegenden Werkstücke werden durch die wassergekühlten Kupferelektroden zusammengepresst. Der durchfließende Strom erwärmt punktförmig die Werkstücke bis zum teigigen Zustand. Durch den Anpressdruck der Elektroden verschweißen die Bauteile ohne Schweißzusätze. Das richtige Zusammenwirken von Presskraft, Schweißstrom und Schweißzeit wird durch Versuchsschweißungen ermittelt.

1. Anforderungen an die Werkstoffe

Nennen Sie Werkstoffeigenschaften, die Punkt-Schweißen ermöglichen.

– ____________________

– ____________________

– ____________________

Werkstoffe, die diese Anforderungen erfüllen:

____

____

2. Einstellwerte beim Punkt-Schweißen

Einstellwerte	Erklärung
Hoher Schweißstrom Kurze Schweißzeit	Sie bewirken kleine Punkteindrücke und dadurch eine geringe Abnutzung der Elektrodenspitzen.
Große Elektrodenpresskraft	Der elektrische Widerstand wird durch die Bleche verringert.

Genaue Einstellwerte finden Sie im Tabellenbuch oder in den Unterlagen der Gerätehersteller.

3. Punktschweiß-Elektroden

Elektrodenwerkstoffe

Anforderungen	Erklärung
Große elektrische Leitfähigkeit	Beim Stromdurchgang sollen sich nicht die Elektroden, sondern die zu verschweißenden Bleche stark erwärmen.
Große Werkstoffhärte	Die Elektroden müssen verschleißfest sein. Eine Vergrößerung der Elektrodenspitze hat eine schlechte Punktschweißung zur Folge.

Reine Kupferelektroden besitzen zwar eine große elektrische Leitfähigkeit, aber eine sehr geringe Härte. Durch welche Maßnahme kann die Härte des Kupfers erhöht werden?

Elektrodenausführung

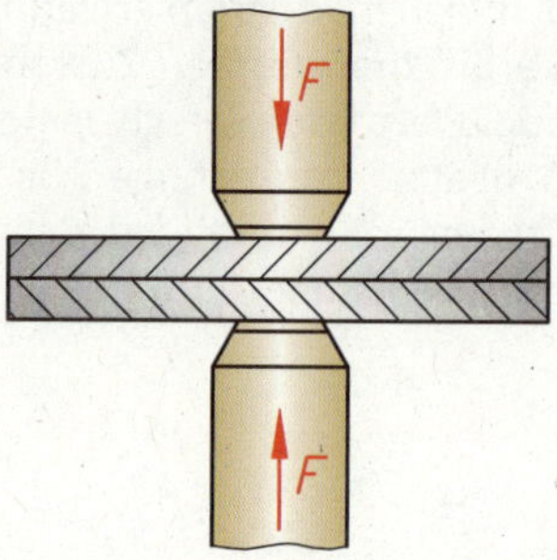

Für saubere Blechoberflächen; die Elektrodenspitze ist ______.

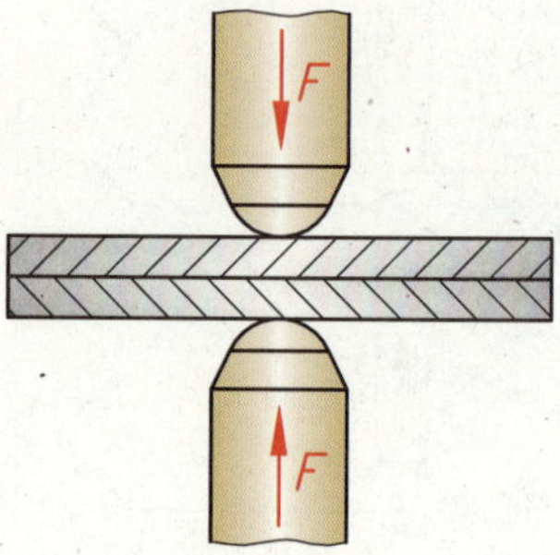

Für oxidierte Blechoberflächen; die Elektrodenspitze ist ______.

Elektrodenspitzen müssen gepflegt werden!

B. Rollnaht-Schweißen

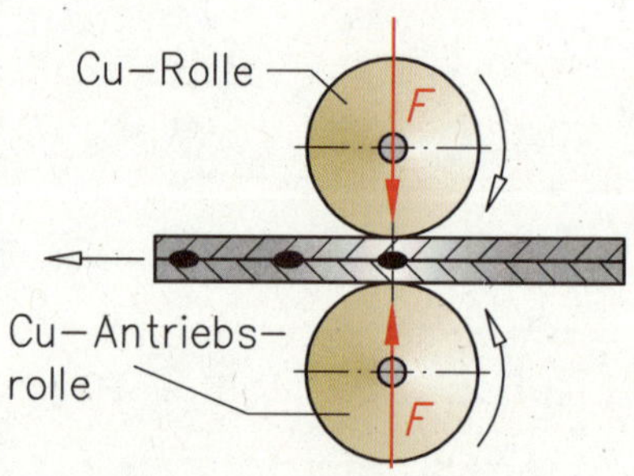

Beim Rollnaht-Schweißen werden anstelle der Elektrodenstäbe Kupferrollen verwendet. Die Rollen pressen die zu verschweißenden Bauteile aneinander und bilden die Vorschubbewegung. Die Schweißpunkte werden über die Rollen durch Stromimpulse erzeugt.

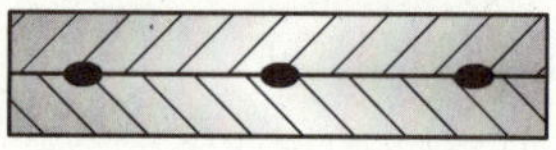

Stromimpulse in großen Zeitabständen

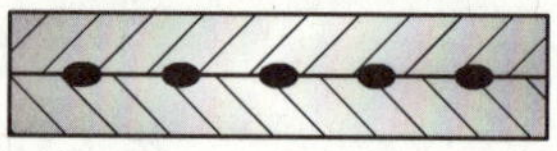

Stromimpulse in kurzen Zeitabständen

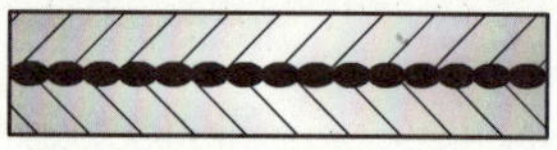

Stromimpulse in sehr kurzen Zeitabständen

Welche der folgenden Nähte entsteht dabei? Festnaht, Dichtnaht, Heftnaht

Merke: Das Rollnaht-Schweißen wird für Dünnbleche verwendet. Maximale Blechdicke für Stahl 3,5 mm, für Aluminium 2,0 mm.

Genaue Einstellwerte finden Sie im Tabellenbuch oder in den Unterlagen der Gerätehersteller.

Eine Glühlampe ist an 12 V angeschlossen und nimmt 0,5 A auf. Welche Leistung hat die Glühlampe?

Vergleichen Sie:

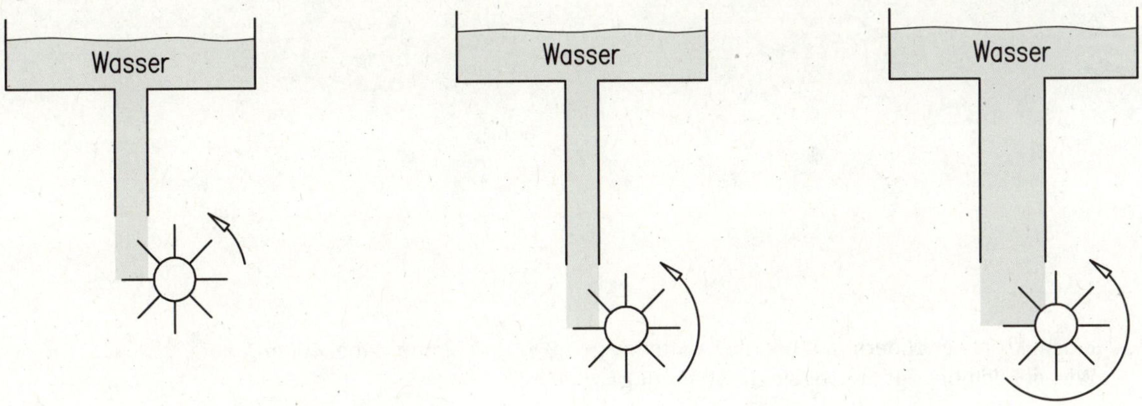

Die Leistung des Wasserrads ist umso größer,

- je ______ der Wasserdruck ist und
- je ______ Wasser fließt.

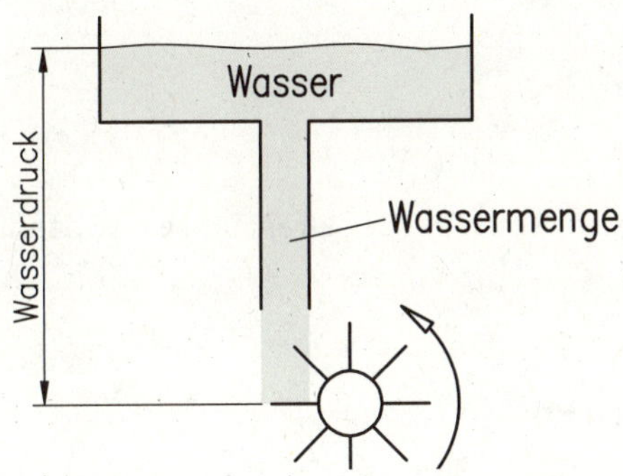

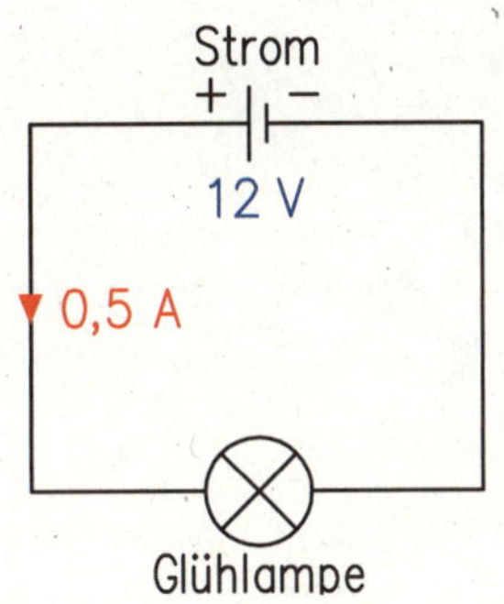

Wasserdruck ≙ ______, z. B. ______

Wassermenge ≙ ______, z. B. ______

Die Leistung der Glühlampe ist umso größer,

- je ______ die ______ und
- je ______ die ______ ist.

Leistung = ______

$P =$ ______

Benennung: 1 Volt · 1 Ampere = ______

1 VA = ______ ______ = 1 000 W

Aufgaben

1. Ein Antriebsmotor hat eine Leistung von 1,38 kW.
   Wie groß (in A) ist bei einer Spannung von 230 V die Stromstärke?

2. Ein elektrischer Widerstand hat die Leistung von 4,8 W und nimmt dabei 400 mA auf.
   Wie viel Volt beträgt die angelegte Spannung?

3. Berechnen Sie die Leistung (in W) einer Glühlampe, wenn ihr Widerstand 920 Ω beträgt und eine Spannung von 230 V anliegt.

4. Ein elektrisches Heizgerät leistet 1,84 kW und nimmt 8 A auf.
   Wie viel Ohm Widerstand hat die Heizentwicklung?

Eine Metallkreissäge nimmt die Leistung von 2,4 kW auf und ist täglich $2\,^1/_2$ Stunden in Betrieb.
Wie viel kWh beträgt die elektrische Arbeit?

Die von einem Elektrogerät aufgenommene Arbeit hängt ab

- von der ______________ und
- von der ______________.

Die elektrische Arbeit ist umso größer,

- je __________ die ______________ des Verbrauchers und
- je __________ die ______________ ist.

Arbeit = ______________________

______ = ______

Benennungen: ______ · ______ = ______

______ · ______ = ______

______ · ______ = ______

Geg.:

Ges.:

Aufgaben

1. Eine Schweißmaschine mit 6 kW war im vergangenen Monat täglich im Schnitt 4 h und 30 min an 18 Arbeitstagen in Betrieb.
   Wie viel kWh beträgt ihr Energieverbrauch (elektrische Arbeit)?

2. Ein Zähler zeigt bei 30 Betriebsstunden einen Verbrauch von 12 kWh an.
   Wie groß ist die elektrische Leistung (in W) der betriebenen Elektrogeräte?

3. Ein Elektromotor ist an 12 V angeschlossen und nimmt 8 A auf. Der Zähler zeigt einen Verbrauch von 0,6 kWh an. Wie lang (in Stunden, Minuten) ist der Motor eingeschaltet?

4. Ein Elektrogerät ist an 230 V angeschlossen, sein Widerstand beträgt 50 Ω. Der Betriebsstundenzähler zeigt im Januar 60 Stunden an.
Wie viel kWh wurden verbraucht?

Der Antriebsmotor eines Kompressors nimmt 2,5 kW Leistung auf, gibt aber nur 2 kW wieder ab.
Berechnen Sie seinen Wirkungsgrad.
Der Wirkungsgrad ist das Verhältnis zwischen abgegebener und zugeführter Leistung.

Er wird mit ______ (Eta) abgekürzt.

Geg.: ______

Ges.: ______

______ = ______ oder ______ = ______

______ = ______

______ = ______ d. h., von 1 kW zugeführter Leistung werden ______ kW wieder abgegeben.

Weil die abgegebene Leistung oder Arbeit stets ______ als die zugeführte Leistung oder Arbeit ist, muss der Wirkungsgrad immer ______ als ______ sein.

Aufgaben

1. Der Antriebsmotor einer Hebeanlage hat einen Wirkungsgrad von 0,65 und gibt 2,6 kW ab.
   Wie viel kW beträgt die Leistungsaufnahme?

2. Eine Winkelschleifmaschine nimmt bei 230 V Spannung den Strom von 8 A auf.
   Berechnen Sie die Nennleistung in Watt (abgegebene Leistung), wenn der Wirkungsgrad der Maschine 0,7 beträgt.

A. Leistung bei Wechselstrom mit induktiver Belastung (z. B. durch Transformatorenspulen) oder mit kapazitiver Belastung (z. B. durch Kondensatoren)

Der Wechselstrommotor eines Schweißumformers nimmt bei 230 V die Stromstärke von 6 A auf. Sein Leistungsfaktor beträgt 0,85.
Wie groß ist seine Leistung (in W)?

Um Wechselstrom handelt es sich dann, wenn der Strom in bestimmten Zeitabständen seine Fließrichtung ändert. Unsere Netzspannung wechselt die Richtung in einer Sekunde 50-mal, d. h., die Stromfrequenz beträgt 50 Hz (Hertz). Diese Änderung der Fließrichtung wird durch den Leistungsfaktor cos φ (cosinus phi) berücksichtigt. Sein Wert liegt bei induktiver und kapazitiver Belastung zwischen 0,5 und 0,9, bei ohmscher Belastung ist der cos φ = 1.

Geg.: ______

Ges.: ______

Der Leistungsfaktor beträgt 0,85; Faktoren werden ______:

$P =$ ______ (___) U in ______ I in ______

$P =$ ______

$P =$ ______

1. Aufgabe: Ein Gerät nimmt bei einem Leistungsfaktor von 0,75 eine Leistung von 345 W auf.
Wie groß ist die Stromaufnahme (in A) bei 230 V Wechselstrom?

2. Aufgabe: Ein Wechselstrommotor für 230 V hat eine Stromaufnahme von 8 A und einen Leistungsfaktor von 0,72.
Welche Leistung (in W) hat der Motor?

B. Leistung bei Drehstrom

Der Drehstrommotor eines Schweißumformers ist an 400 V angeschlossen und nimmt einen Strom von 5 A auf. Der Leistungsfaktor des Motors beträgt 0,86.
Berechnen Sie die Motorleistung in Watt.

Drehstrom ist eine Verkettung von drei Einphasenwechselströmen (= Dreiphasenwechselstrom). Die Zusammenfassung dieser drei Einzelleistungen geschieht durch den Verkettungsfaktor $\sqrt{3}$.

Geg.: ______

Ges.: ______

Der Verkettungsfaktor beträgt $\sqrt{3}$; die Formel erweitert sich:

$P =$ ______ (___)

U in ______

I in ______

$P =$ ______

$P =$ ______

1. **Aufgabe:** Der Drehstrommotor mit 400 V eines Schweißaggregats hat eine Leistung von 4,56 kW und nimmt 8,66 A auf.
Welchen Leistungsfaktor hat der Motor?

2. **Aufgabe:** Ein Schweißumformer liefert bei 50 V Gleichspannung einen Schweißstrom von 100 A. Der Gesamtwirkungsgrad des Umformers ist 80 %.
   a) Wie viel Watt gibt der Gleichstromgenerator ab?
   b) Welche Leistung (in W) muss dem Drehstrommotor zugeführt werden?
   c) Mit wie viel Ampere muss der Motor mindestens abgesichert werden, wenn er an 400 V betrieben wird und einen Leistungsfaktor von 0,76 besitzt?

3. **Aufgabe:** Der Drehstrommotor eines Schweißaggregats soll bei einer Spannung von 400 V die Leistung von 10 kW abgeben. Der Leistungsfaktor ist 0,7; der Wirkungsgrad 0,8.
Welchen Strom (in A) nimmt der Motor auf?

4. **Aufgabe:** Der Drehstrommotor eines Schweißumformers nimmt bei 400 V einen Strom von 12 A auf. Bei einem Wirkungsgrad von 82 % gibt er an den Gleichstromgenerator die Leistung von 5,4 kW ab.
Wie groß ist der Leistungsfaktor des Motors?

5. **Aufgabe:** Der Drehstrommotor eines Schweißumformers mit dem Leistungsfaktor 0,82 nimmt bei 400 V einen Strom von 20 A auf. Der Gesamtwirkungsgrad des Umformers (Drehstrommotor und Gleichstromgenerator) beträgt 70 %.
   a) Welche Leistung (in W) wird vom Motor aufgenommen?
   b) Wie groß ist die Ausgangsleistung (in W) des Umformers?
   c) Wie viel Ampere Schweißstrom liefert der Umformer bei 30 V Schweißspannung?

Fließen in Stromkreisen hohe Ströme (Überstrom) oder tritt Kurzschluss auf, kann eine zu große Erwärmung zum Brand führen.
Deshalb sind Überstrom-Schutzeinrichtungen erforderlich, die den Stromkreis automatisch unterbrechen.

Nennen Sie solche Überstrom-Schutzeinrichtungen.

Schmelzsicherungen

Bei einer festgelegten Stromstärke schmilzt ein elektrischer Leiter in der Sicherung und unterbricht den Stromkreis. Damit Schmelzsicherungen nicht falsch eingebaut werden können, sind die Fußkontakte verschieden groß und farblich gekennzeichnet.

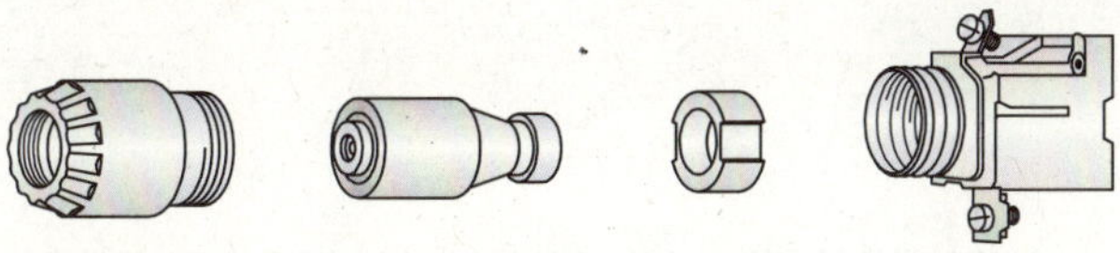

Nennstromstärke und Farbe des Passeinsatzes (Auswahl)

Nennstrom I_N (A)	6	10	16	20	25	35
Farbe des Passeinsatzes	grün	rot	grau	blau	gelb	schwarz

1. **Aufgabe:** Mit wie viel Ampere muss ein 230-V-Stromkreis abgesichert sein, wenn ein Motor von 4 kW angeschlossen werden soll?

2. **Aufgabe:** Eine elektrische Handbohrmaschine nimmt bei einem Leistungsfaktor von 0,72 die Leistung von 2,1 kW auf.
Wie hoch ist der Stromkreis abzusichern, wenn 230 V Wechselstrom vorhanden sind?

Beim Ablängen eines Flachstahls S 235 JR mit der Kreissäge wird mit einer Drehzahl von 42 1/min gearbeitet. Der Durchmesser des Kreissägeblatts ist 300 mm.

Wie groß ist die Schnittgeschwindigkeit des Sägeblatts?

Unter Schnittgeschwindigkeit versteht man die Geschwindigkeit, mit der bei der spanenden Bearbeitung die ______________ stattfindet.

Die Schnittbewegung ist beim Bohren, Drehen, Fräsen, Schleifen und beim Sägen mit der Kreis- und Bandsäge ________-förmig. Die Schnittgeschwindigkeit wird daher wie die ____________-Geschwindigkeit berechnet. Ihre Benennung ist m/min, nur beim Schleifen und Trennschleifen ist sie in m/s angegeben.

Geg.: ______________________________

Ges.: ______ (m/min)

Formel zur Berechnung der Umfangsgeschwindigkeit und damit auch zur Berechnung der Schnittgeschwindigkeit in m/s:

$v_c =$ (m/s) ______ in ______
______ in ______ = ______

Überlegen Sie, wie sich die Formel ändert, wenn die Benennung m/min ist:

$v_c =$ (m/min) ______ in ______
______ in ______ = ______

$v_c =$ ______________

$v_c =$ ______________

Auf den Maschinen wird nicht die Schnittgeschwindigkeit, sondern die ______________ eingestellt. Dann muss allerdings die Schnittgeschwindigkeit bekannt sein.

In Tabellen werden wirtschaftlich günstige Werte für die Schnittgeschwindigkeit angegeben:

	Sägen (HSS) Kreissäge v_c (m/min)	**Bohren (HSS)** v_c (m/min)
Unlegierter Baustahl	ca. 20–50	ca. 35–60
Legierter Stahl	ca. 10–20	ca. 20–30
Gusseisen	ca. 25–35	ca. 15–35
Aluminium	ca. 250–1 000	ca. 50–100

	Sägen (HSS) Bandsäge v_c (m/min)	**Bohren (Hartmetall)** v_c (m/min)
Unlegierter Baustahl	ca. 80–95	ca. 50–100
Legierter Stahl	ca. 40–80	ca. 70–130
Gusseisen	ca. 70–100	ca. 80–120
Aluminium	ca. 100–500	ca. bis 200

Welche Drehzahl muss an einer Kreissäge (d = 350 mm) eingestellt werden, wenn Werkstücke aus Aluminium abgeschnitten werden? v_c (Al) = 300 m/min.

Geg.: ______

Ges.: ______

Ist die errechnete Drehzahl auf der Maschine nicht einstellbar, so muss die nächst ______ verwendet werden.

1. **Aufgabe:** Die zwei Scheiben einer Bandsäge haben 380 mm Durchmesser und laufen mit einer Drehzahl von 25 1/min.
Wie groß ist die Schnittgeschwindigkeit des Sägebands, wenn Gusswerkstücke abgetrennt werden?

2. **Aufgabe:** Die Arbeitswelle einer Metallkreissäge wird mit einer Drehzahl von 400 1/min angetrieben.
Welchen Durchmesser (in mm) darf ein Kreissägeblatt aus HSS bei einer Schnittgeschwindigkeit von 350 m/min bei der Bearbeitung von Aluminium höchstens haben?

Baustahl (S 235 JR) soll mit einer HSS-Kreissäge zugeschnitten werden. Der Sägeblattdurchmesser beträgt 300 mm. Bei einer Schnittgeschwindigkeit von 40 m/min soll die Vorschubgeschwindigkeit 65 mm/min betragen.
a) Welche Drehzahl ist zu wählen?
b) Wie viel Millimeter beträgt der Vorschub?

Unterscheiden Sie:

Vorschubgeschwindigkeit v_f ist der Weg der Schneide in ____________.

Ihre Benennung ist ____________.

Vorschub *f* ist der Weg der Schneide nach ____________.

Seine Benennung ist ____________.

Schnittgeschwindigkeit v_c ist der Weg eines Punkts am Umfang der Schneide in ____________.

Ihre Benennung ist ____________.

Die Bewegungsrichtung der Schnittgeschwindigkeit ist ____________, die der Vorschubgeschwindigkeit ____________.

Geg.: ____________

Ges.: a) ______ b) ______

a)

b) Vorschub in 1 min,

also bei ______ Umdrehungen ⟶ ______

Vorschub bei ______ Umdrehung ⟶ ______ = ______

f = (mm) ______ in ______
______ in ______ = ______

Richtwerte für die Vorschubgeschwindigkeit v_f (mm/min) beim Sägen mit dem Kreissägenblatt (HSS)

Werkstoff	Mittlere Vorschubgeschwindigkeit v_f (mm/min)
Baustahl (R_m < 700 N/mm²)	≈ 180
Baustahl (R_m > 700 N/mm²)	≈ 140
Nichtrostender Stahl	≈ 60
Aluminium	≈ 1 200

Richtwerte für den Vorschub *f* (mm) beim Bohren (HSS)

Bohrer-Durchmesser *d* (mm)	3	4	6	10	15	25	30	40
Unlegierter und legierter Stahl *f* (mm)	0,05	0,1	0,12	0,18	0,25	0,4	0,38	0,5
Gusseisen *f* (mm)	0,06	0,08	0,1	0,16	0,2	0,3	0,32	0,4
Aluminium *f* (mm)	0,07	0,12	0,2	0,28	0,36	0,5	0,55	0,6

1. **Aufgabe:** In Tabellenbüchern wird für das Trennen von Aluminium mit Kreissägeblättern bis 300 mm Durchmesser eine Schnittgeschwindigkeit von 250 m/min und ein Vorschub von 3 mm vorgeschlagen.
Berechnen Sie die Drehzahl (in 1/min) und die Vorschubgeschwindigkeit (in mm/min).

2. **Aufgabe:** Bei einem Kreissägeblatt, 180 mm Durchmesser, beträgt die Schnittgeschwindigkeit 40 m/min, der Vorschub 0,6 mm.
Wie groß (in mm/min) ist die Vorschubgeschwindigkeit?

3. **Aufgabe:** In Gusseisen werden mit 35 m/min Schnittgeschwindigkeit Bohrungen mit 40 mm Durchmesser hergestellt. Die Vorschubgeschwindigkeit beträgt 100 mm/min.
Wie viel Millimeter beträgt der Vorschub?

Am Antriebsmotor einer Maschine ist eine Riemenscheibe mit 120 mm angebracht, deren Drehzahl 1400 1/min beträgt. Damit soll über eine zweite Riemenscheibe die Drehzahl von 350 1/min erreicht werden.

a) Welchen Durchmesser (in mm) muss die getriebene Scheibe haben?

b) Wie groß ist das Übersetzungsverhältnis?

Vereinbarung: Angaben über die treibende Scheibe erhalten den Index (= Kennziffer) „1“,
Angaben über die getriebene Scheibe erhalten den Index „2“.

Geg.: ______ = 120 mm, ______ = 1400 1/min, ______ = 350 1/min

Ges.: a) ______ b) ______

Aufgabe: Vervollständigen Sie die Skizze. Überlegen Sie, ob die Riemenscheibe an der Bohrspindel größer oder kleiner ist.

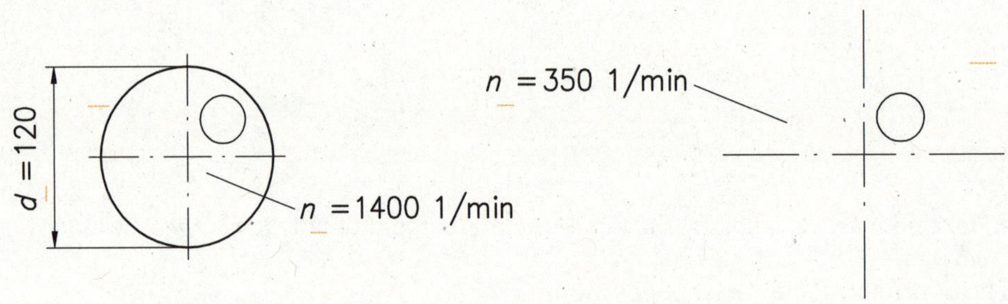

a) Verschiedene Drehzahlen, aber gleiche ______________________________:

______ = ______

______ = ______

______ = ______

d__ = ______

d__ = ______

d__ = ______

Erkenntnis: Die kleinere Scheibe hat stets die ______ Drehzahl.

b) Das Übersetzungsverhältnis ______ gibt an, wie sich die ______________ der treibenden Scheibe zu der an der getriebenen Scheibe verhält; die Rechnung ist also eine Teilung:

i = ______ = ______

Oft wird das Ergebnis nicht als Dezimalzahl ausgedrückt, sondern als Bruch belassen,

wobei die kleine Zahl (hier der ______________) zu „1“ wird:

i = ______ = ______

Beispiel: $i = \frac{1500}{500}$ = ______ ; $i = \frac{800}{2600}$ = ______

Das Übersetzungsverhältnis von 4 oder $\frac{4}{1}$ ergibt sich auch, wenn man mit den Durchmessern der Riemenscheibe rechnet:

i = ____ = ____

i = ____ *i* = ____

$i = \frac{4}{1}$ heißt, wenn sich die ____ Scheibe ____-mal dreht,
dreht sich die ____ Scheibe ____-mal.

Übersetzung ins Schnelle ⟶ *i* ____ als 1 ⟶ *i* ____ 1

Übersetzung ins Langsame ⟶ *i* ____ als 1 ⟶ *i* ____ 1

1. Aufgabe: Der Motor für ein Gebläse läuft mit 1 400 1/min. Die Durchmesser der beiden Riemenscheiben sind 105 mm am Antriebsmotor und 75 mm an der Gebläsewelle.

a) Mit welcher Drehzahl läuft das Gebläse?

b) Welches Übersetzungsverhältnis liegt vor? Geben Sie dieses als Dezimalzahl und als Bruch an.

2. Aufgabe: Der gezeichnete Stufenscheiben-Riementrieb wird vom Motor mit 520 1/min angetrieben.
Berechnen Sie für die beiden Fälle die Drehzahl der Arbeitsspindel, das Übersetzungsverhältnis und die Riemengeschwindigkeit in m/s.

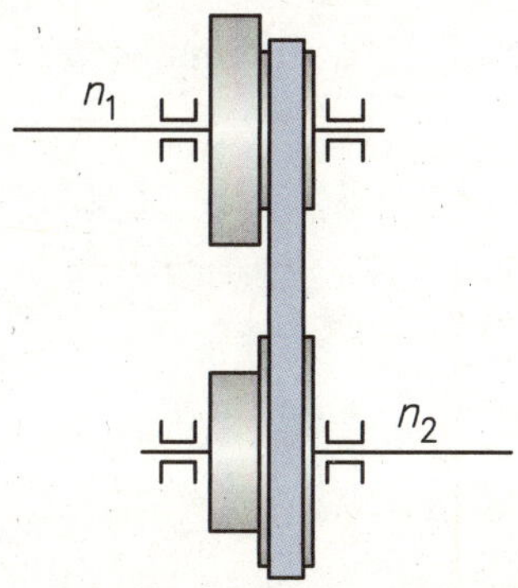

	Scheibendurchmesser in mm	
	treibend	getrieben
a)	232	58
b)	124	155

Das Antriebsrad des gezeichneten Zahnradgetriebes hat 36 Zähne und dreht sich mit 1 420 1/min.
Das getriebene Zahnrad besitzt 18 Zähne.

a) Zeichnen Sie die Drehrichtung am getriebenen Zahnrad ein.
b) Mit welcher Drehzahl läuft dieses Rad?
c) Wie groß ist das Übersetzungsverhältnis?

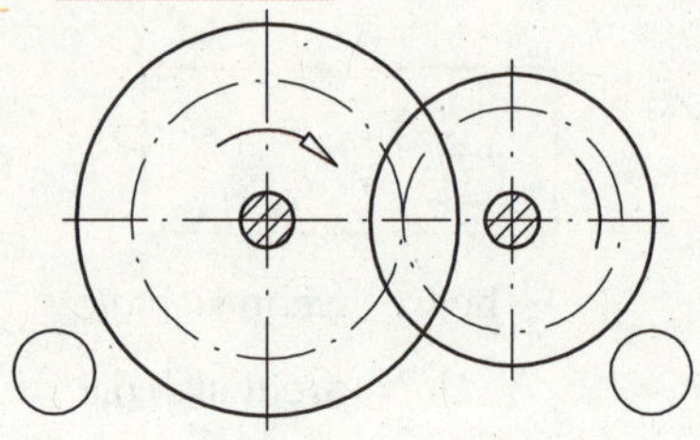

Wie beim Riementrieb gilt die Vereinbarung:

Treibendes Zahnrad ⟶ Index ◯,

getriebenes Zahnrad ⟶ Index ◯.

Geg.: ____________

Ges.: a) Drehrichtung b) ______ c) ______

a) Beim einfachen Zahnradtrieb wird die Drehrichtung ____________.

b) Beim Riementrieb haben Sie folgende Gesetzmäßigkeit festgestellt:

____

Beim Zahnradtrieb gilt: ______ = ______

______ = ______

______ = ______

______ = ______

Erkenntnis: Die größere Drehzahl hat stets das Zahnrad mit der ____________ Zähnezahl.

c) *i* =

Dieses Übersetzungsverhältnis erhält man auch, wenn man mit den Zähnezahlen rechnet:

i = ______	*i* = ______
i = ______	*i* = ______
i = ______	*i* = ______

i =

1. Aufgabe: Das Antriebsrad eines Zahnradtriebs mit 42 Zähnen dreht sich mit 1 620 1/min und treibt ein Zahnrad, welches eine Drehfrequenz von 1 260 1/min haben soll.
Berechnen Sie die Zähnezahl des getriebenen Rads und das Übersetzungsverhältnis.

2. Aufgabe: Berechnen Sie die Enddrehzahl und das Übersetzungsverhältnis des skizzierten Kegelradtriebs.

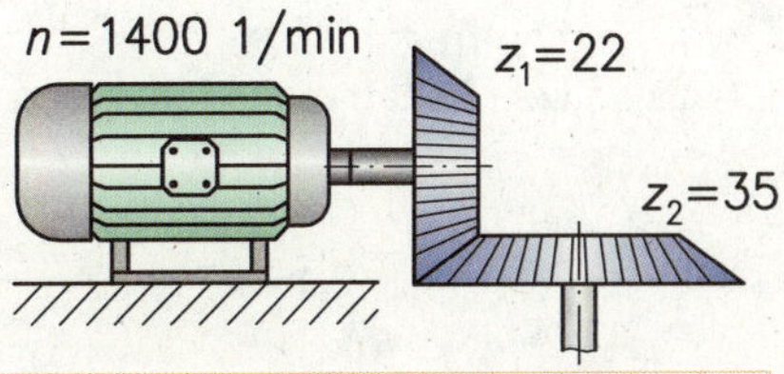

3. Aufgabe: In einem Getriebe hat das treibende Zahnrad 50, das getriebene Zahnrad 32 Zähne. Als Enddrehzahl werden 1 600 1/min verlangt.

a) Wie groß muss die Antriebsdrehzahl sein?

b) Welches Übersetzungsverhältnis liegt vor?

4. Aufgabe: Bei einem Zahnradtrieb ist ein Übersetzungsverhältnis von 1 : 2,8 gefordert.
Wie groß müssen Dreh- und Zähnezahl des getriebenen Rads gewählt werden, wenn das Antriebsrad 42 Zähne besitzt und die Drehzahl 500 1/min beträgt?

Konstruktionsmechanik	Datum:	Herstellen von Baugruppen aus Blechen *Blechbehälter*	Lernfeld 5
Name:	Klasse:		31

Arbeitsauftrag:
Es soll ein Behälter aus feuerverzinktem Stahlblech gefertigt werden.

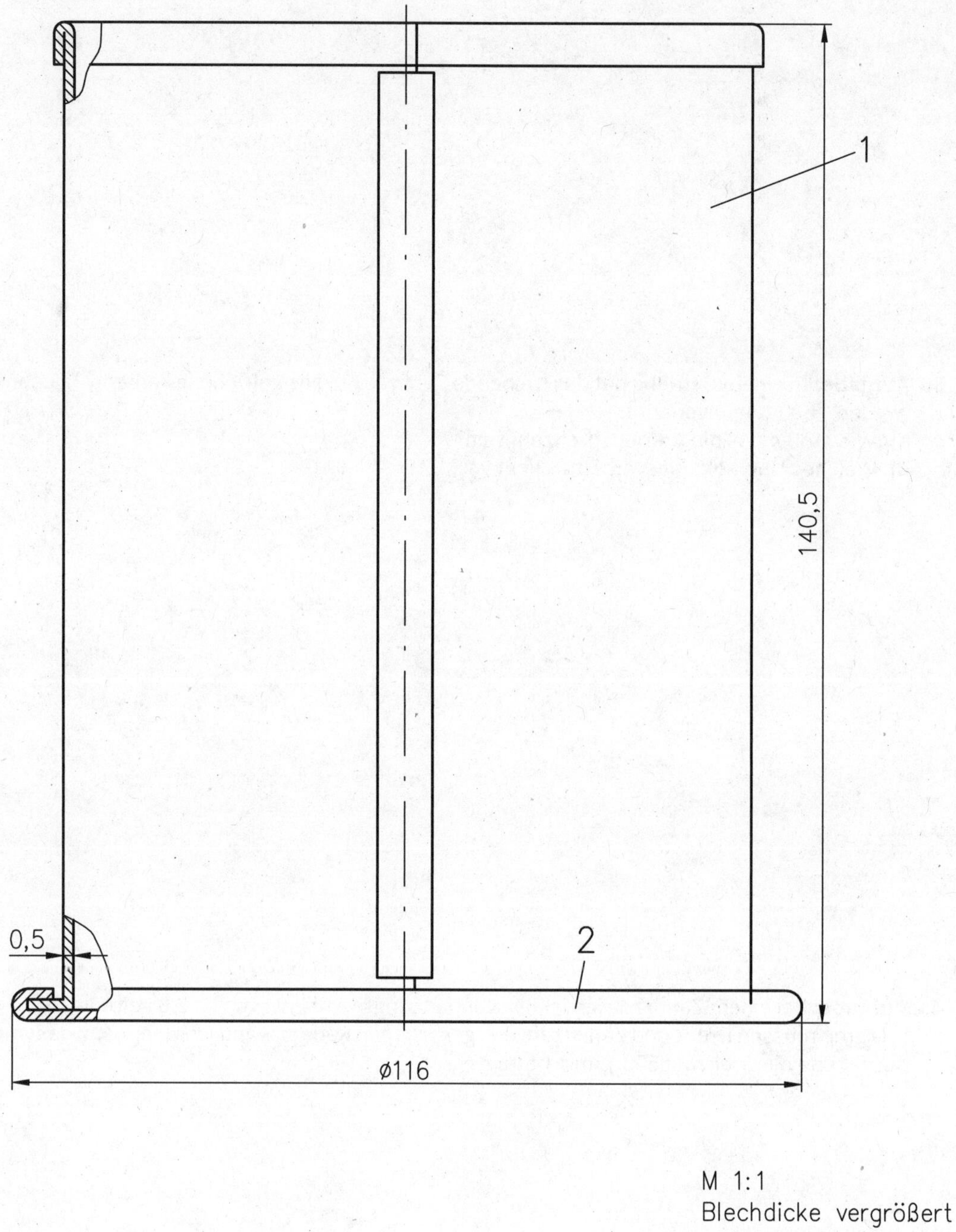

Verantwortl. Abtl.	Techn. Referenz	Erstellt durch	Genehmigt von			
		Dokumentenart	Dokumentenstatus			
		Titel, Zusätzlicher Titel	Werkstoff			
			Änd.	Ausgabedat.	Spr.	Blatt

A. Behältermantel

Bestimmen Sie die Länge und Breite des Behältermantels, runden Sie auf „5" auf und tragen Sie Dicke x Höhe x Breite in die Stückliste ein.

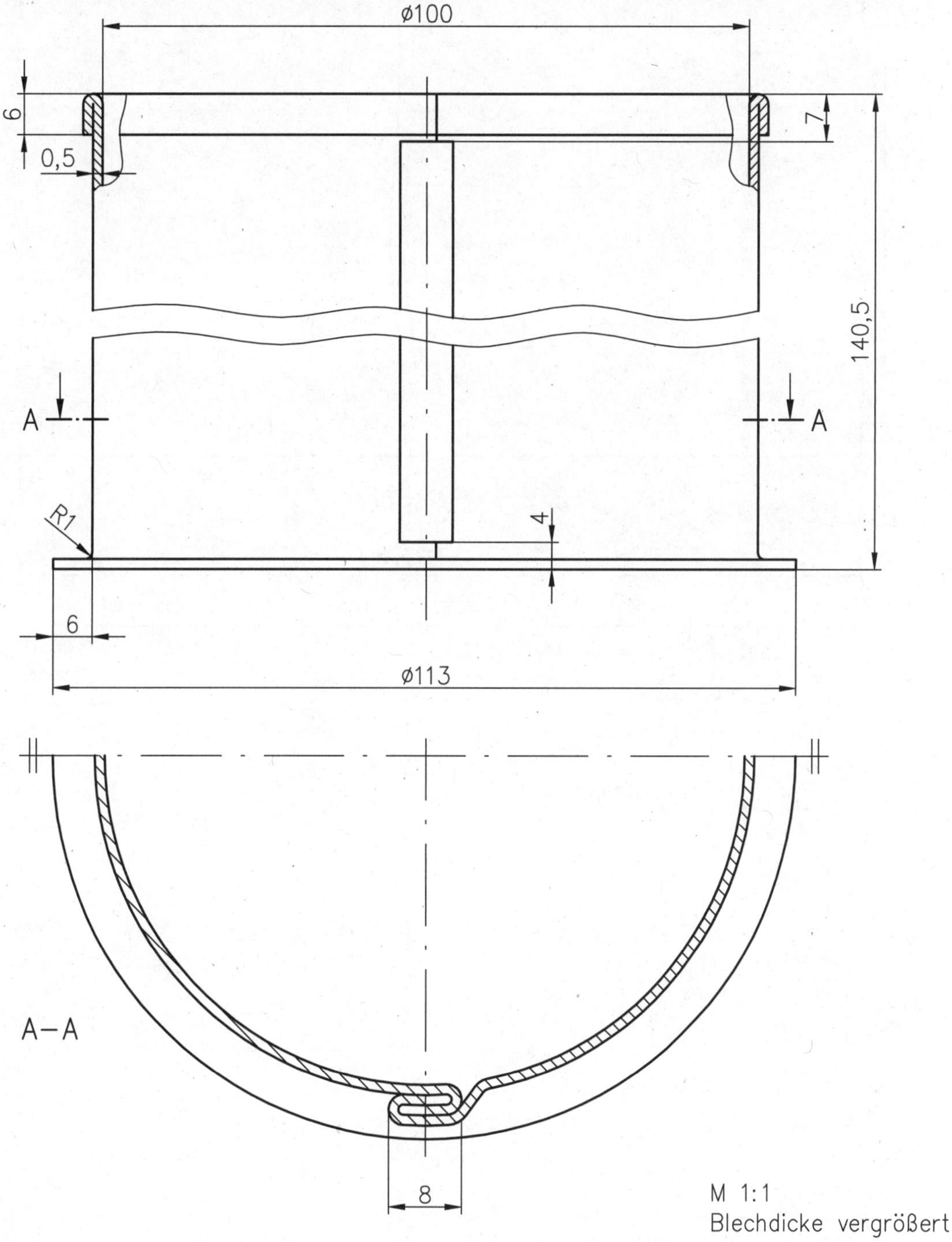

Verantwortl. Abtl.	Techn. Referenz	Erstellt durch	Genehmigt von	
		Dokumentenart	Dokumentenstatus	
		Titel, Zusätzlicher Titel	Werkstoff	
			Änd. | Ausgabedat. | Spr. | Blatt	

1. Genaue Breite des Behältermantels

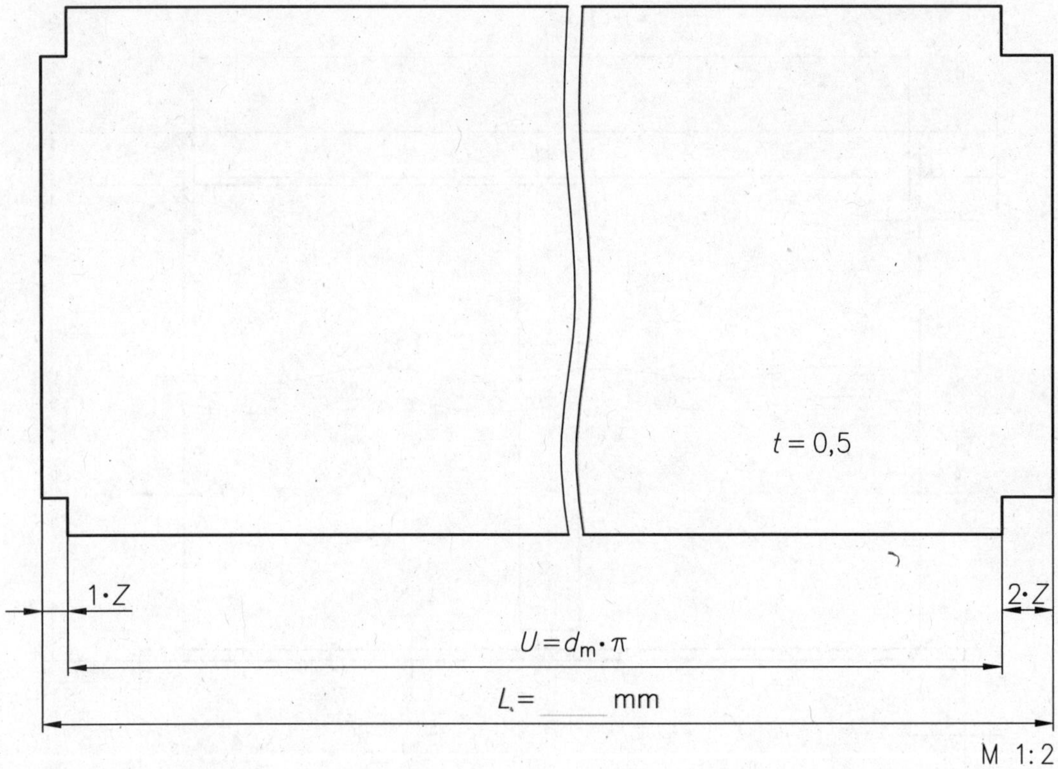

Falzzugabe Z = Falzbreite – 2 x Blechdicke

Z =

Z =

Z =

Zuschnittbreite L = Umfang + 3 x Falzzugabe

L =

L =

L =

L =

L ~

2. Behältermantel anfertigen

a) Zuschnitt

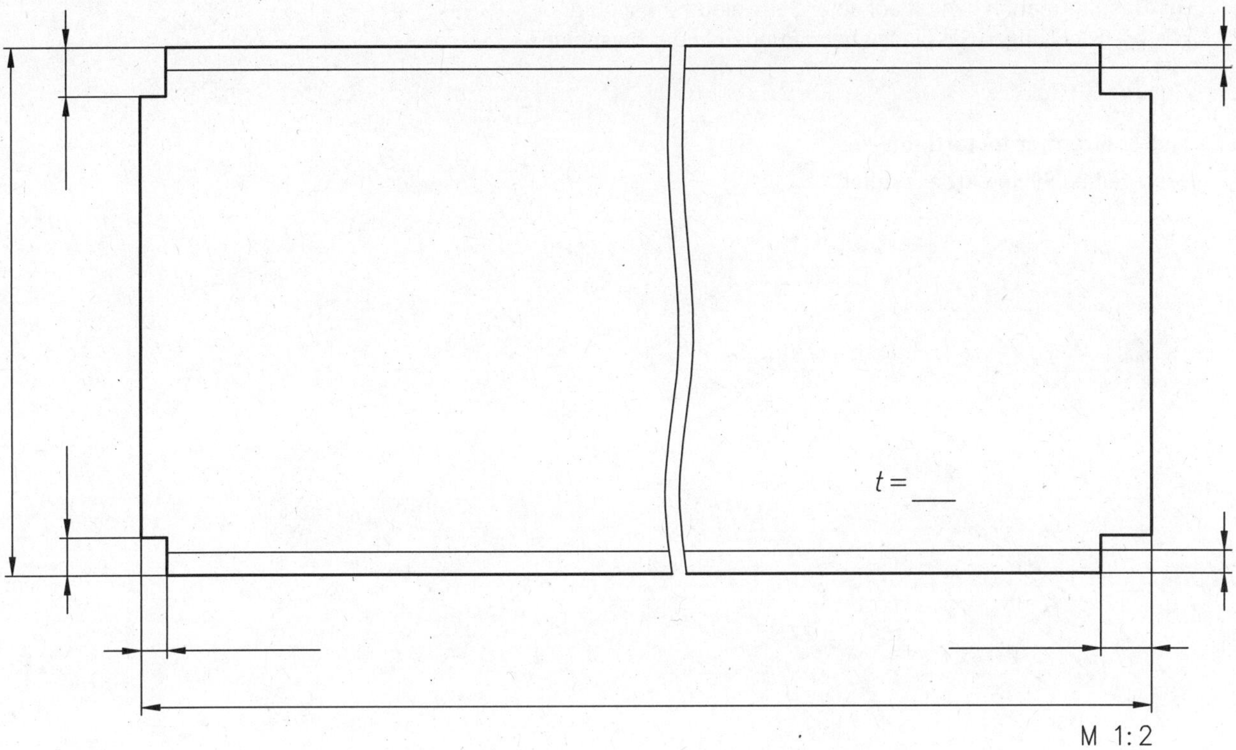

b) Falzen des Mantelfalzes

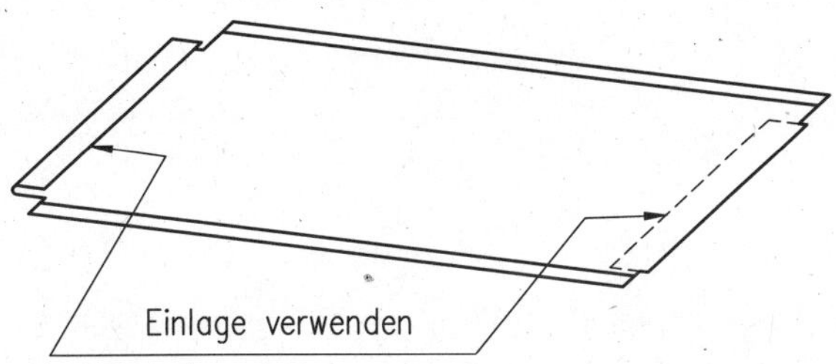

c) Herstellen des Umschlags

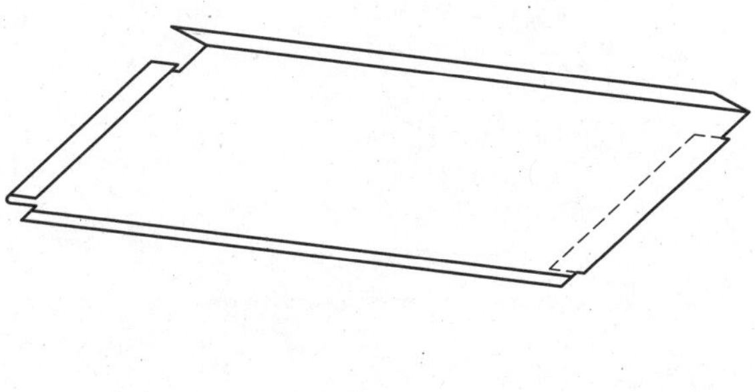

Ankanten

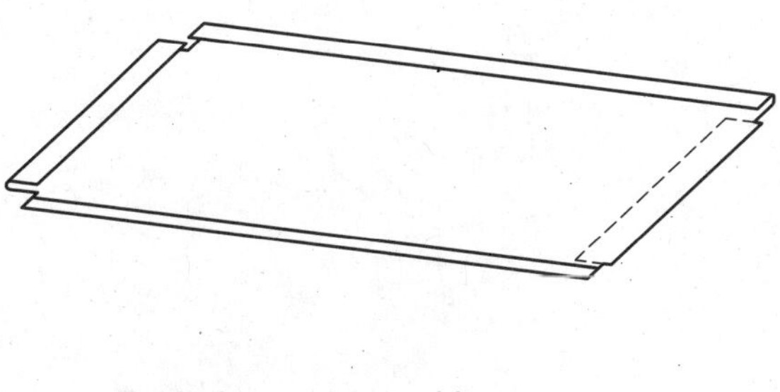

Schließen zum Umschlag

d) Behältermantel runden

Runden mit der Rundmaschine.

Der Behältermantel besitzt auf einer Seite einen Umschlag.
Wie berücksichtigen Sie diesen beim Runden in der Maschine?

e) Behältermantel fertigen

Beschreiben Sie die Arbeitsstufen.

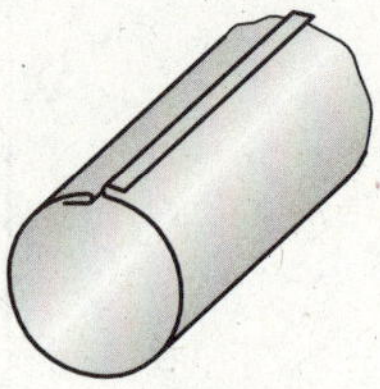

–

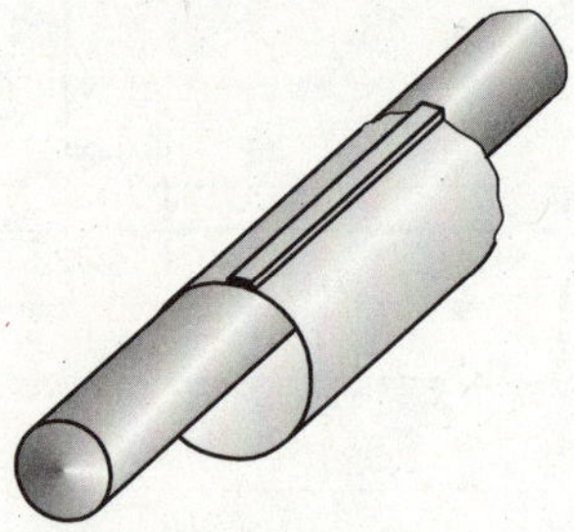

–

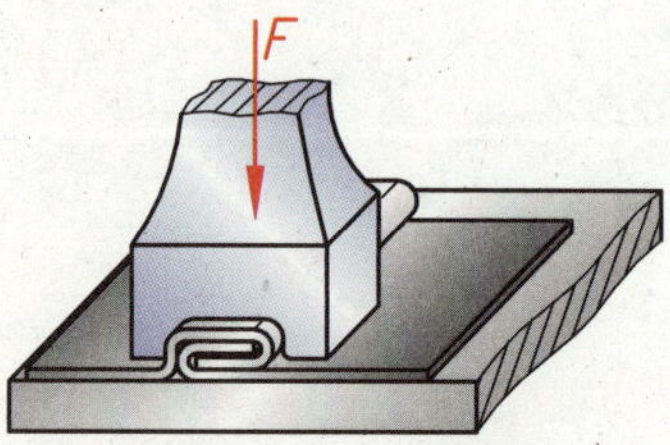

–

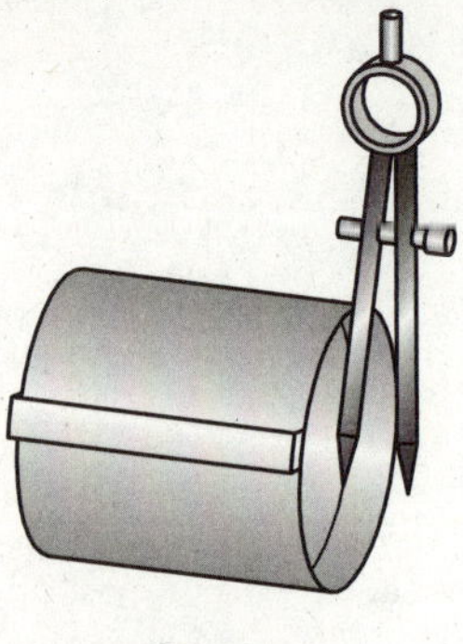

–

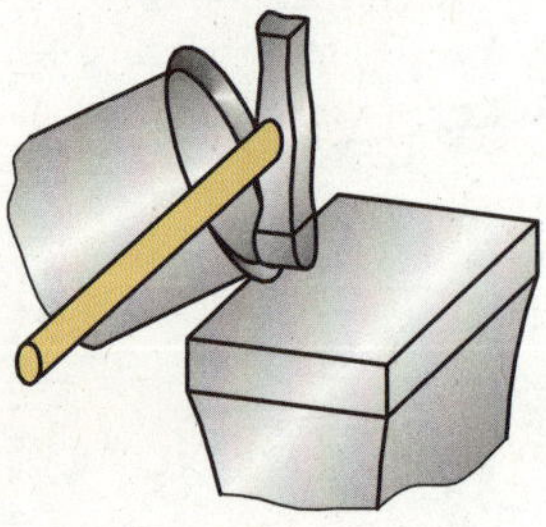

–

B. Behälterboden

Bördeln des Behälterbodens

Beachte!
Der Behälterboden muss mindestens 2 mm größer als der Bördeldurchmesser des Mantels sein.
Der Bördelrand des Mantels kann mit der Blechschere nachgeschnitten und eingepasst werden.

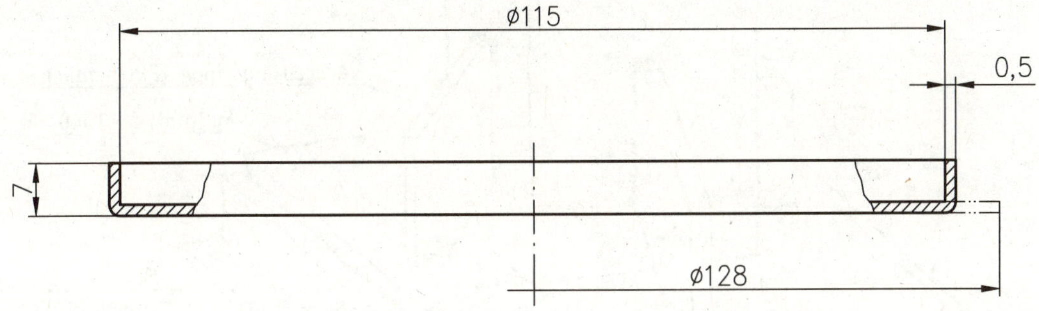

Verantwortl. Abtl.	Techn. Referenz	Erstellt durch	Genehmigt von		
		Dokumentenart	Dokumentenstatus		
		Titel, Zusätzlicher Titel	Werkstoff		
			Änd.	Ausgabedat.	Spr. / Blatt

C. Zusammenbau des Behälters

Geben Sie auch hier wieder die Arbeitsstufen an.

–

–

–

–

Hammerschläge können die verzinkte Oberfläche des Mantels beschädigen.
Verwenden Sie deshalb ein

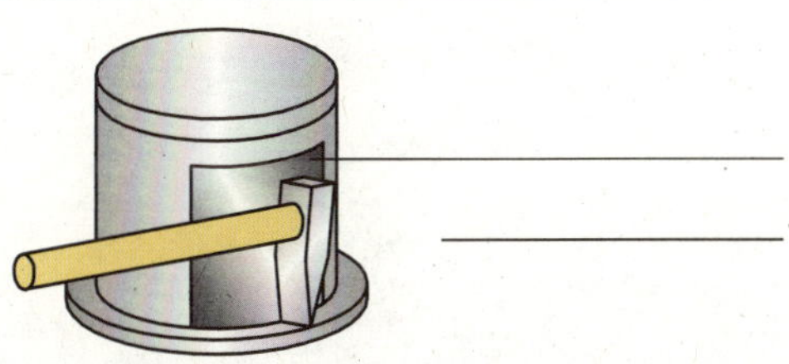

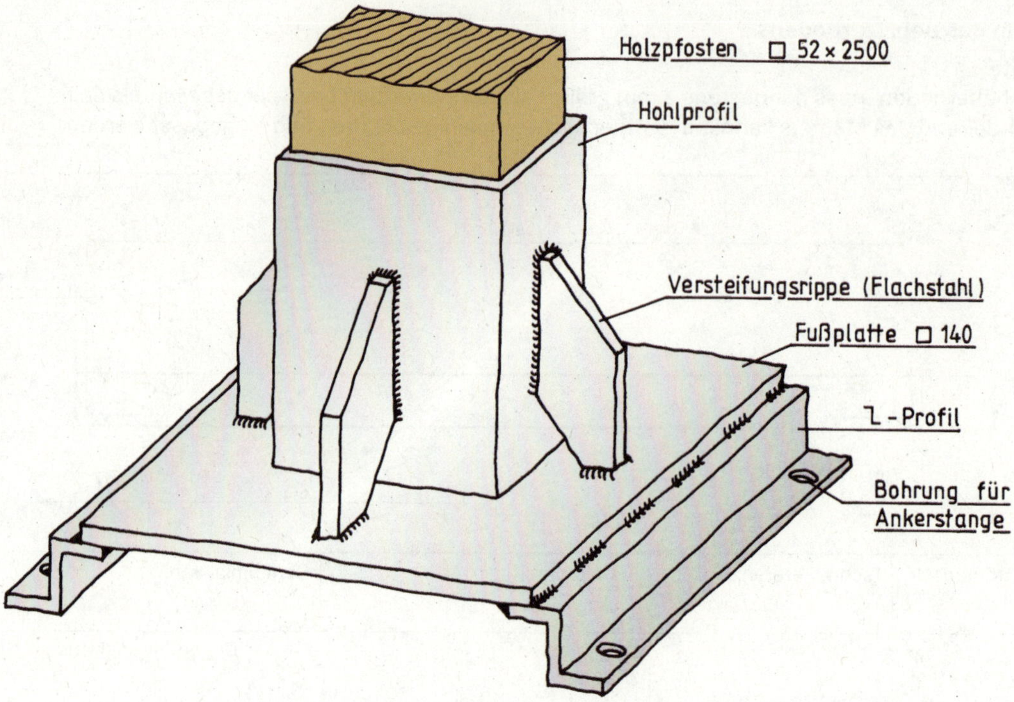

Ein Kunde bestellt in einem Metallbaubetrieb 50 Befestigungsfüße. Sie sollen Holzpfosten für ein Zelt aufnehmen. Der Meister hat in Absprache mit dem Kunden eine Handskizze mit einigen Grundmaßen und Herstellungsangaben angefertigt.

Aufgaben

1. Bestimmen Sie Werkstoffe und Profilgrößen.
2. Erstellen Sie die Stückliste.
3. Zeichnen Sie im Maßstab 1:1 Vorderansicht und Draufsicht vom Befestigungsfuß.
4. Tragen Sie alle notwendigen Schweißnahtangaben in die technische Darstellung ein (MAG-Schweißen Kennnummer 135).
5. Zeichnen Sie im Maßstab 1:1 bzw. 1:2 die Einzelteile mit allen Maßangaben.
6. Die vier Versteifungsrippen und die Fußplatte sollen durch Brenn- oder Plasmaschneiden hergestellt werden.
7. Die vier Bohrungen für die Ankerstangen sollen einen zulässigen maximalen Durchmesser erhalten (Tabellenbuch – Anreißmaße).
8. Windkräfte können das Zeltdach und somit die Holzpfosten aus den Befestigungsfüßen herausziehen. Überlegen Sie geeignete Gegenmaßnahmen.
9. Regenwasser kann den Holzpfosten im Hohlprofil schädigen. Überlegen Sie auch hier Gegenmaßnahmen.
10. Stellen Sie das Werkstück her.

Stückliste

1	2	3	4	5	6
Pos.	**Menge**	**Einheit**	**Benennung**	**Sachnummer/Norm-Kurzbezeichnung**	**Bemerkung**
1			Pfostenhalter		
2			Versteifungsrippe		
3			Fußplatte		
4			Bodenprofil		
5			Durchsteckschraube		
6			Scheibe		
7			Federring gewölbt		
8			Sechskantmutter		

Konstruktionsmechanik	Datum:	Herstellen von Baugruppen aus Blechen *Befestigungsfuß*	Lernfeld 5 32
Name:	Klasse:		

Verantwortl. Abtl.	Techn. Referenz	Erstellt durch	Genehmigt von	M 1 : 1
		Dokumentenart	Dokumentenstatus	
		Titel, Zusätzlicher Titel	Werkstoff	
			Änd.	Ausgabedat.	Spr.	Blatt

Verantwortl. Abtl.	Techn. Referenz	Erstellt durch	Genehmigt von	M 1 : 1
		Dokumentenart	Dokumentenstatus	
		Titel, Zusätzlicher Titel	Werkstoff	
			Änd.	Ausgabedat.	Spr.	Blatt

Verantwortl. Abtl.	Techn. Referenz	Erstellt durch	Genehmigt von	M 1 : 1		
		Dokumentenart	Dokumentenstatus			
		Titel, Zusätzlicher Titel	Werkstoff			
			Änd.	Ausgabedat.	Spr.	Blatt

Verantwortl. Abtl.	Techn. Referenz	Erstellt durch	Genehmigt von	M 1 : 1
		Dokumentenart	Dokumentenstatus	
		Titel, Zusätzlicher Titel	Werkstoff	
			Änd. / Ausgabedat. / Spr. / Blatt	

Verantwortl. Abtl.	Techn. Referenz	Erstellt durch	Genehmigt von	M 1 : 2
		Dokumentenart	Dokumentenstatus	
		Titel, Zusätzlicher Titel	Werkstoff	
			Änd. / Ausgabedat. / Spr. / Blatt	

Verantwortl. Abtl.	Techn. Referenz	Erstellt durch	Genehmigt von	M 1 : 1
		Dokumentenart	Dokumentenstatus	
		Titel, Zusätzlicher Titel	Werkstoff	
		Änd.	Ausgabedat.	Spr. / Blatt

Erklären Sie die verwendeten Schweißsymbole.

Schraubverbindungen

Mit Schrauben werden lösbare Verbindungen hergestellt.
Wir unterscheiden:

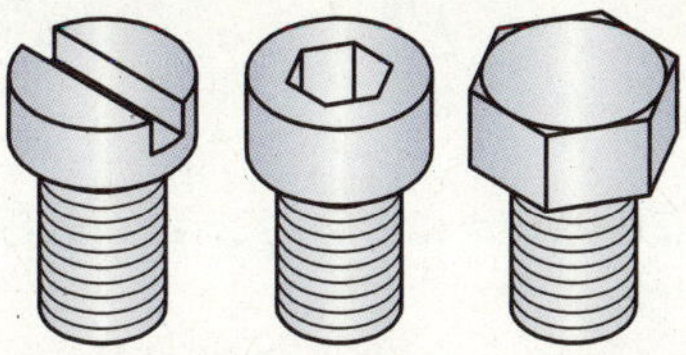	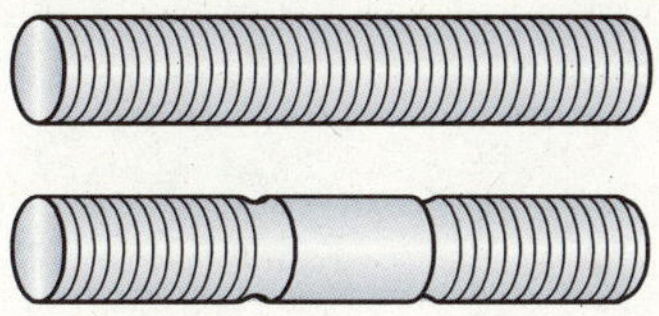	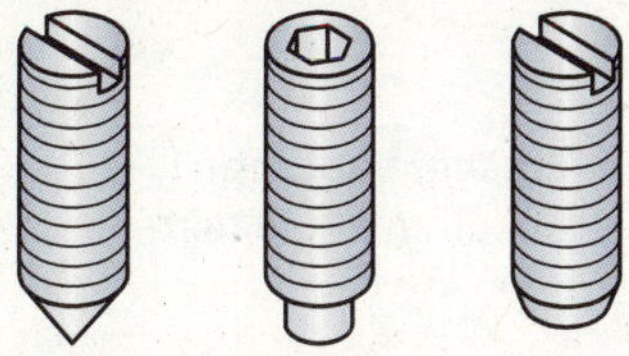
1. ____________ Schrauben	2. ____________ Schrauben	3. ____________
Für alle Schraubverbindungen	Z. B. Zylinderkopf eines Kompressors. Vorteil:	Z. B. Gewindestift am Türdrücker. Vorteil:

1. Kopfschrauben

Nach der Befestigungsart unterscheiden wir:

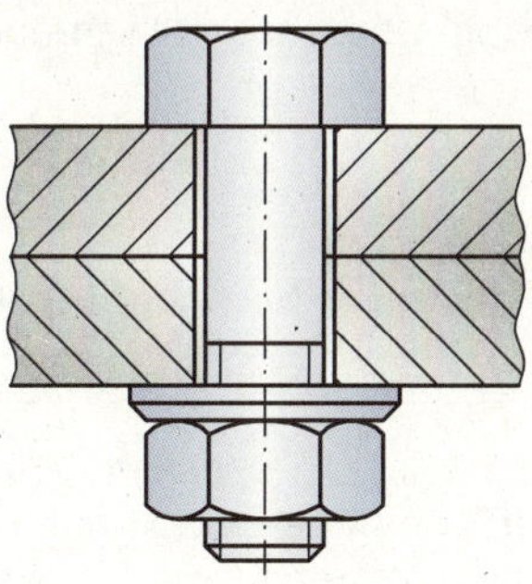	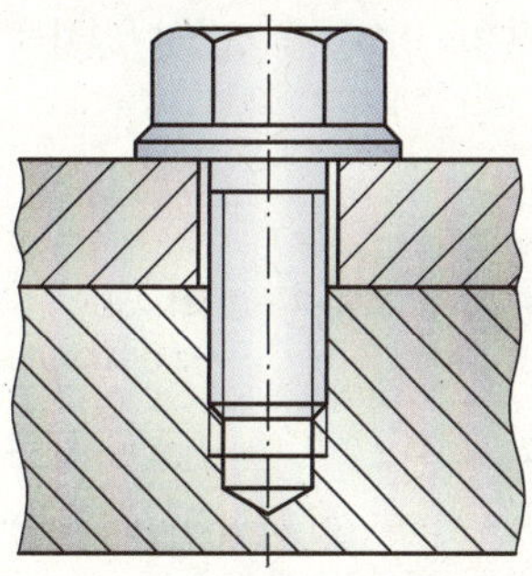
a) ____________ -Kopfschraube	b) ____________ -Kopfschraube

Kopfformen:

a) Schaftlänge der Kopfschraube

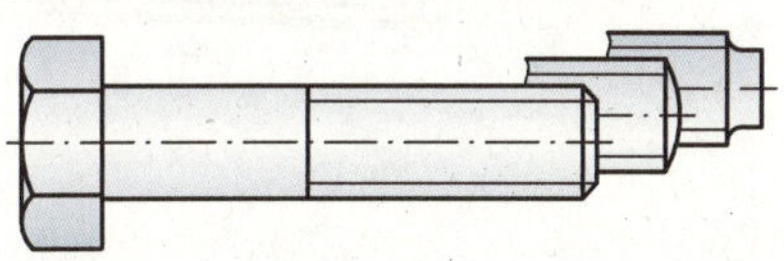

Schaftlänge =

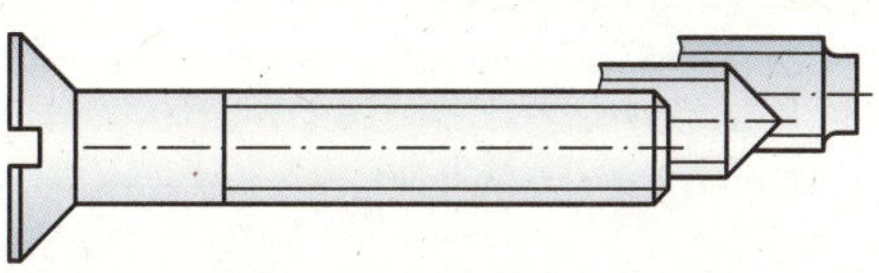

Schaftlänge =

b) Werkstoffe

c) Korrosionsschutz
Welche Verfahren kennen Sie?

d) Einschraublänge l_e
Bestimmen Sie mithilfe des Tabellenbuchs die Zugfestigkeitswerte R_m für die Werkstoffe S 235 JR und E 295.

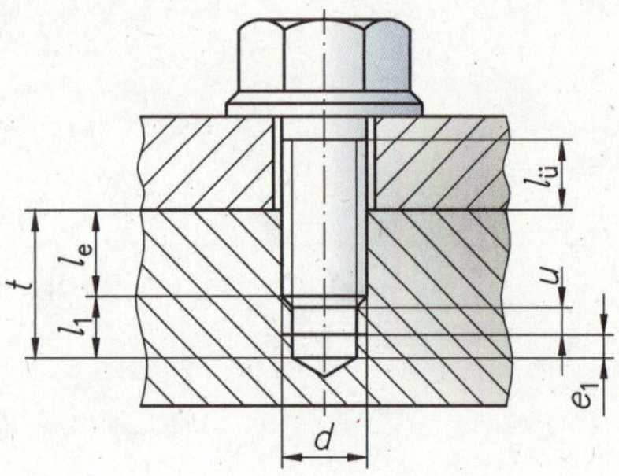

Werkstoff der Bauteile (Auswahl)	Einschraublänge l_e Schrauben-Festigkeitsklasse (Auswahl)	
	8.8	10.9
S 235 JR: $R_m \approx$ ______ $\frac{N}{mm^2}$	$1{,}0 \cdot d$	$1{,}4 \cdot d$
E 295: $R_m \approx$ ______ $\frac{N}{mm^2}$	$0{,}9 \cdot d$	$1{,}2 \cdot d$
Stahl mit $R_m > 800 \frac{N}{mm^2}$	$0{,}8 \cdot d$	$1{,}0 \cdot d$

Große Mindestzugfestigkeit R_m der Bauteile ⟶

Große Festigkeitsklasse der Schrauben ⟶

e) Gewindeüberstand $l_ü$
Durch einen ausreichenden Gewindeüberstand $l_ü$ wird die Bruchgefahr in den Gewindegängen verringert. $l_ü$ muss mindestens $0{,}5 \cdot d$ betragen.

f) Bohrtiefe *t*
Um ein einwandfrei tragendes Gewinde zu erhalten, muss bei Grundbohrungen (Sackbohrungen) die richtige Bohrtiefe beachtet werden. $t = l_e + u + e_1$ $t = l_e + l_1$

Gewinde-Nenndurchmesser *d*	M 4	M 6	M 8	M 10	M 12	M 20
Bohrtiefe *t* (mm)	3,8	5,1	6,2	7,3	8,3	11,2
Abstand *n* (mm)	2,1	3,0	3,75	4,5	5,25	7,5

g) Beanspruchung
Ordnen Sie zu: M 5, M 12.

M ______ 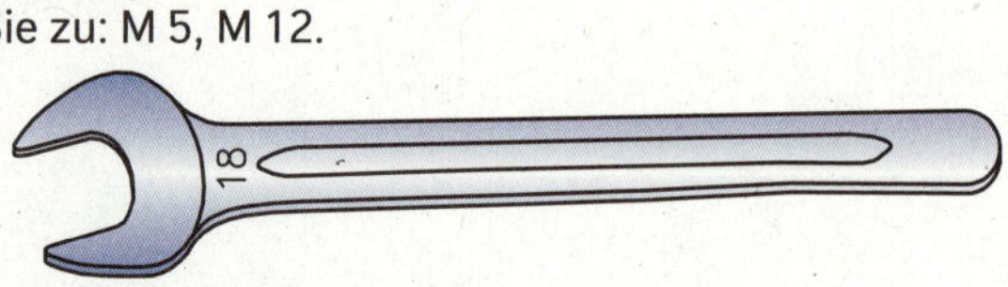

M ______ 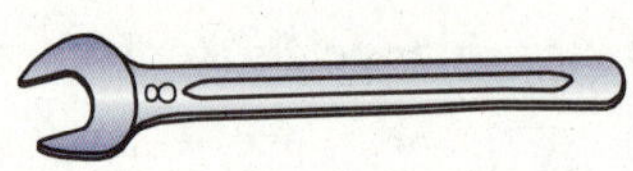

Kleiner Gewinde-Nenndurchmesser ⟶

Großer Gewinde-Nenndurchmesser ⟶

Wirkt am Hebelarm eine Kraft, entsteht ein Drehmoment.

Drehmoment =

Der Konstruktionsmechaniker beurteilt nach Gefühl, ob die Schraubenverbindung fest genug angezogen ist. Weil aber sehr kleine Schrauben erfahrungsgemäß zu fest und sehr große Schrauben nicht genügend fest angezogen werden, ist diese Methode nur für untergeordnete Schraubenverbindungen zulässig. Die Größe des erforderlichen Drehmoments finden Sie im Tabellenbuch.

Hilfsmittel:

h) Sechskantschrauben

Sechskantschrauben mit Schaft (DIN EN ISO 4014)

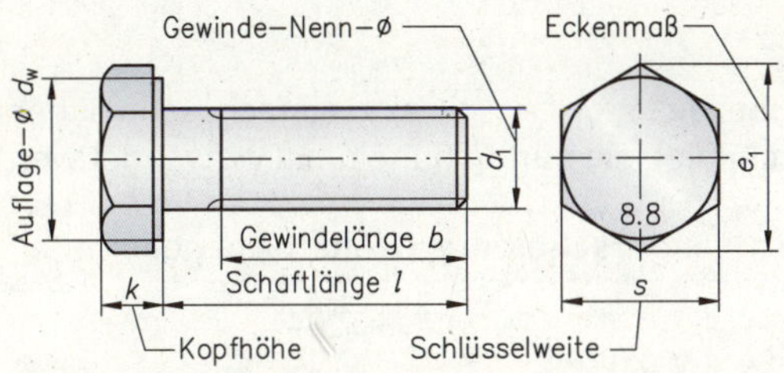

Handelsüblich ab M1,6 bis M64			
Festigkeit	5.6	8.8	10.9
Mindest-Zugfestigkeit R_m in N/mm^2			
Mindest-Streckgrenze R_e in N/mm^2			

Normbeispiel: Sechskantschraube DIN EN ISO 4014 – M10 x 70 – 8.8

Sechskant-Passschrauben in Stahlkonstruktionen (DIN 7968)

Übliche Sechskant-Schraubenverbindung	
Einbauspiel (Passung)	
Bauteilfixierung	
Belastbarkeit	
Verbindungsschluss	
Mindestzugfestigkeit	

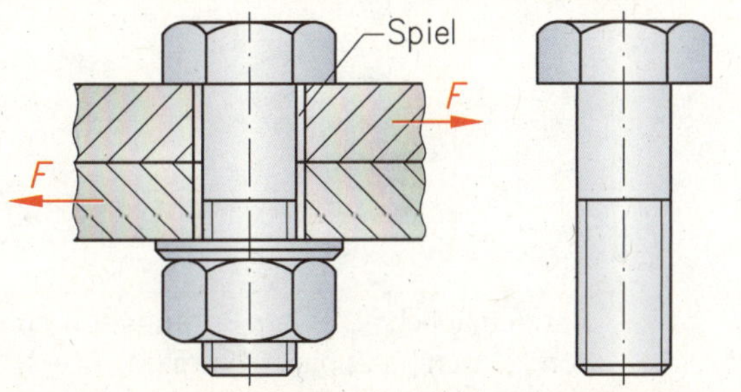

Sechskant-Passschraubenverbindung	
Einbauspiel (Passung)	
Bauteilfixierung	
Belastbarkeit	
Verbindungsschluss	
Mindestzugfestigkeit (8.8)	

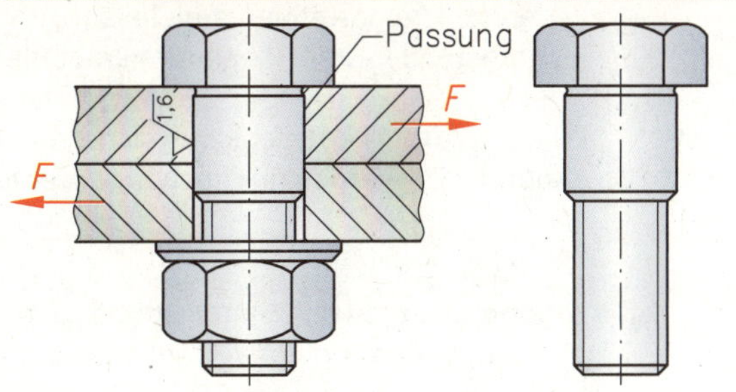

Normbeispiel einer Sechskant-Passschraube mit einem Gewinde M 24, Schaftlänge 65 mm:

Sechskant-Passschraube DIN 7968 – ____________

2. Muttern

a) Mutternarten (Auswahl)

____

____

b) Festigkeitsklassen

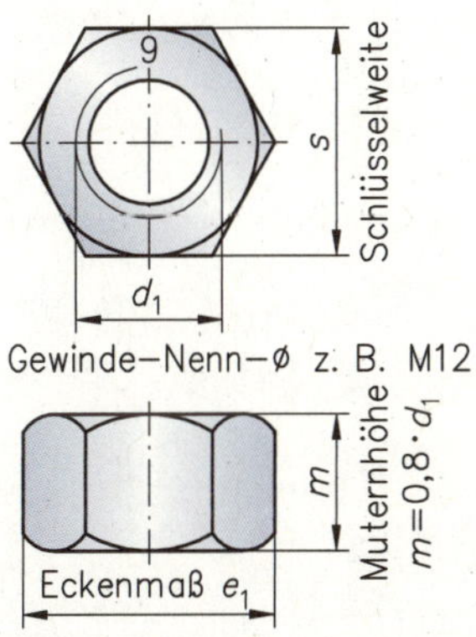

Festigkeitsklasse 9 bedeutet:

Mindestzugfestigkeit R_m = ____________

Schraube und Mutter müssen die gleiche Festigkeitsklasse aufweisen.

c) Normung

Normung einer Sechskantmutter nach DIN EN ISO 4033. Verwenden Sie als Normbeispiel die skizzierte Mutter.

____

3. Gebräuchliche Sicherungen

Durch den Einbau von Schraubensicherungen können sich Muttern und Schrauben durch Erschütterung oder wechselnde Beanspruchungen nicht mehr lockern.

a) Gewölbte Federringe, gewellte Federscheiben

Federring und Federscheibe sind kraftschlüssige Schraubensicherungen, sie sind einfach, schnell herstellbar und daher billig. Bei der Demontage werden sie beschädigt; sie dürfen nur einmal verwendet werden.

Federring, gewölbt (nicht genormt)	**Federscheibe, gewellt** (nicht genormt)
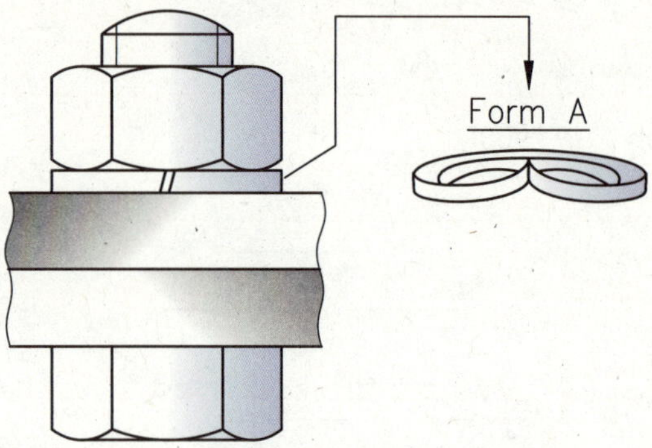	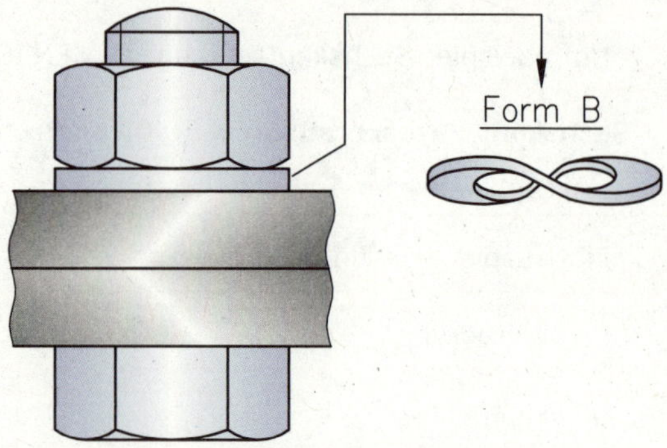
Handelsüblich ab einem Bohrungsdurchmesser von 2,1 mm (M 2) bis 101 mm (M 100)	Handelsüblich ab einem Bohrungsdurchmesser von 5,3 mm (M 5) bis 31 mm (M 30)
Werkstoffe: Federstahl (gehärtet und angelassen, mit oder ohne Korrosionsschutz), Kupfer-Zinn-Legierung (Bronze), nicht rostender Stahl (Legierungsmetalle: Chrom und Nickel)	
Federringe und Federscheiben sichern nicht unbedingt das Lösen der Mutter und sind deshalb nicht mehr genormt. Sie werden nur noch für untergeordnete Zwecke verwendet.	

b) Kronenmutter (DIN 935) mit Splint (DIN EN ISO 1234)

Der Splint verhindert ein Verdrehen der Mutter, er ist formschlüssig. Splinte dürfen nur einmal verwendet werden.

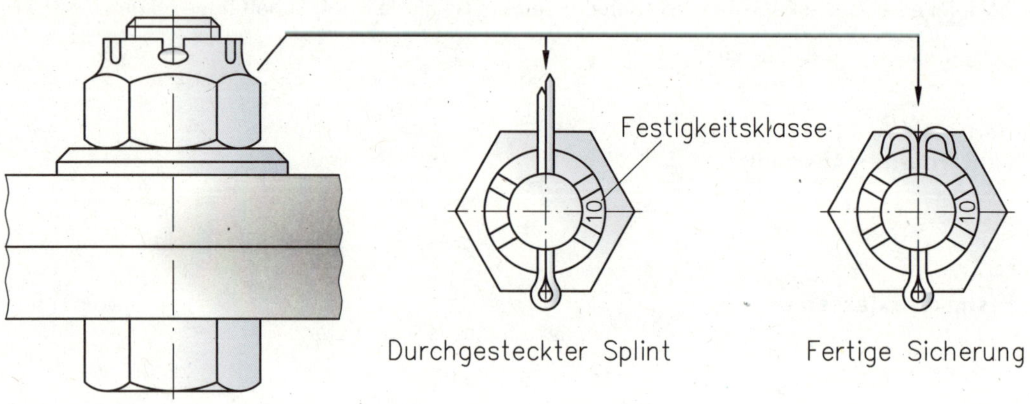

Kronenmutter (DIN 935)					Splint (DIN EN ISO 1234)
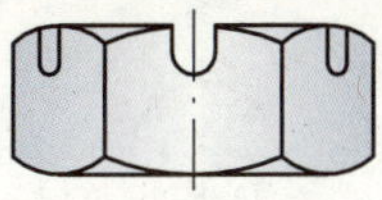 bis M10 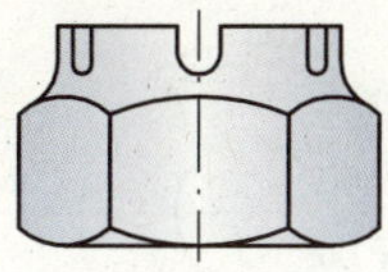 ab M12					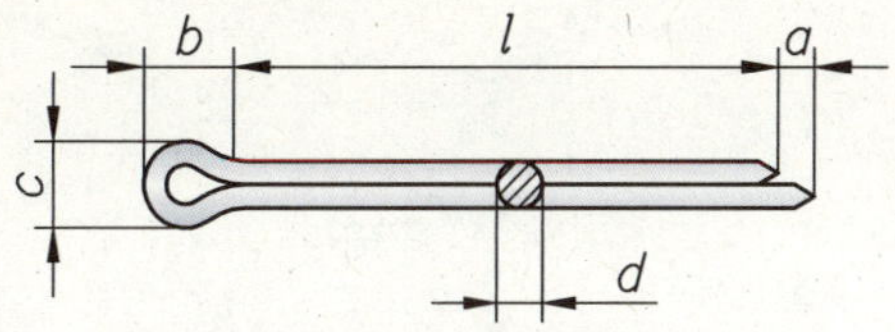
Festigkeitsklasse	5	6	8	10	Handelsüblich ab Splintdurchmesser *d* = 1 mm bis 20 mm. Normale Längen (*l*) ab *l* = 6 mm bis 250 mm. Werkstoff: St, Cu, Al-Leg., Cu-Zn-Leg.
Mindestfestigkeit in N/mm²					
dazugehörige Schraube, z. B.	____.8	____.8	____.8	____.8	
Normbeispiel für eine Kronenmutter mit einem Innengewinde M 12 und einer Mindestzugfestigkeit von 800 N/mm²: Kronenmutter DIN 935 – ________					Normbeispiel für einen Splint mit 4 mm Nenndurchmesser und 80 mm Länge aus Stahl: Splint DIN EN ISO 1234 – ________

c) Selbstsichernde Mutter mit Kunststoffring

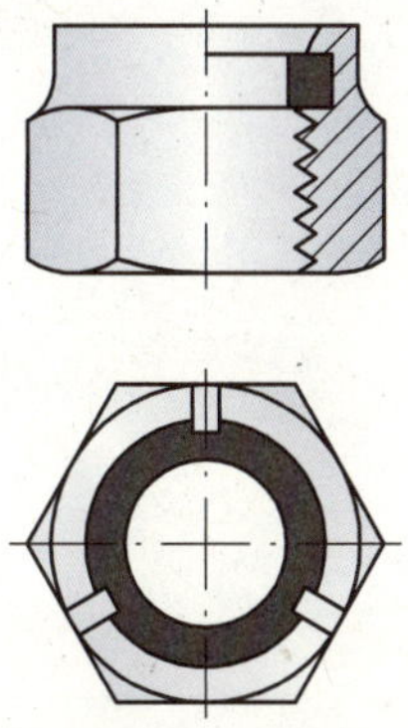

Der Kunstoffring verformt sich beim Anziehen der korrosionsgeschützten Mutter und presst sich in die Gewindegänge der Schraube.

Handelsüblich ab M 3 bis M 36.

Werkstoff ist Stahl.

d) Axial oder radial verformte Muttern

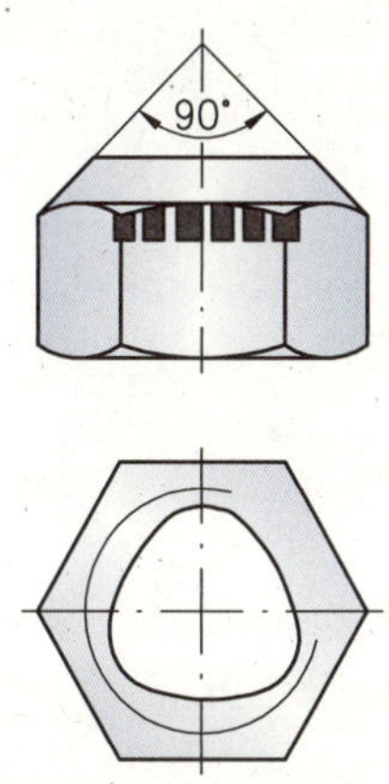

Diese Muttern haben verformte Durchmesser oder Fehler in der Gewindesteigung.
Diese selbstsichernden und korrosionsgeschützten Muttern dürfen nur einmal verwendent werden.

Handelsüblich ab M 5 bis M 24.

Werkstoff ist Stahl.

e) Weitere Sicherungen

____

____

____

f) Scheiben (DIN EN ISO 7090)

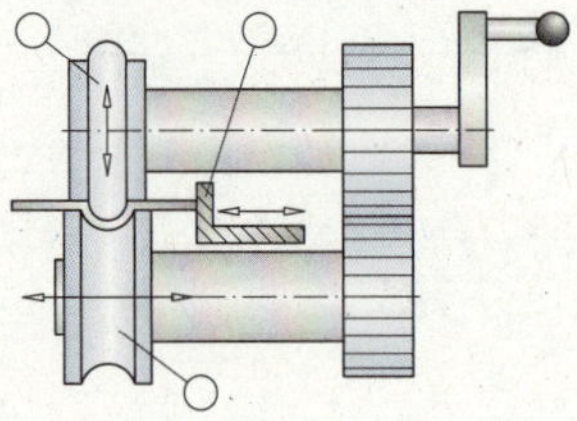	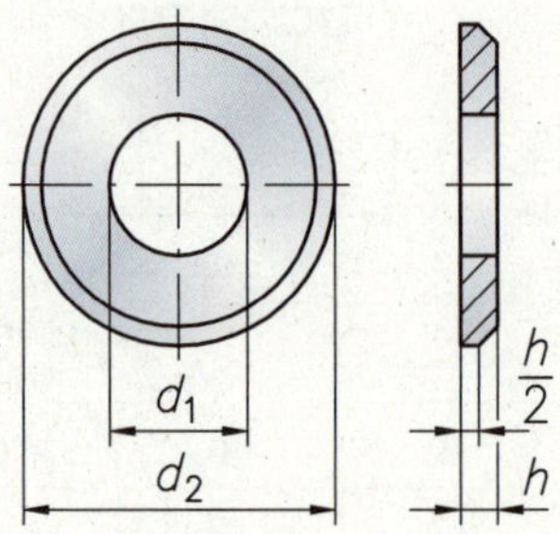 	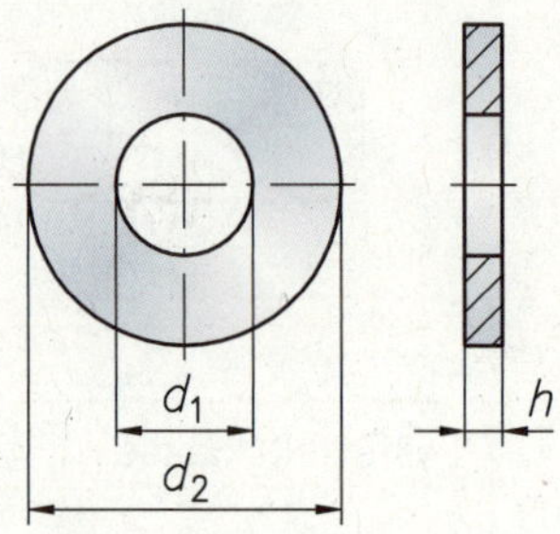
Normbeispiel für eine nicht rostende Scheibe mit Fase, Härteklasse: 200 HV (Stahlverschraubung M 16, Durchgangsloch d_1 = 17): Scheibe DIN 125 – ______	Form B (mit Fase)	Form A (ohne Fase)
	Handelsüblich ab Bohrungsdurchmesser d_1 = 1,7 mm (M 1,6) bis d_1 = 82 (M 80)	
	Häufig verwendete Scheibenwerkstoffe: Stahl oder nicht rostender Stahl = A 2, Aluminium-Legierung = Al-Leg.	

Nennen Sie zwei Vorteile bei der Verwendung von Scheiben.

– ______

______

– ______

______

Schrauben können verschieden beansprucht werden.

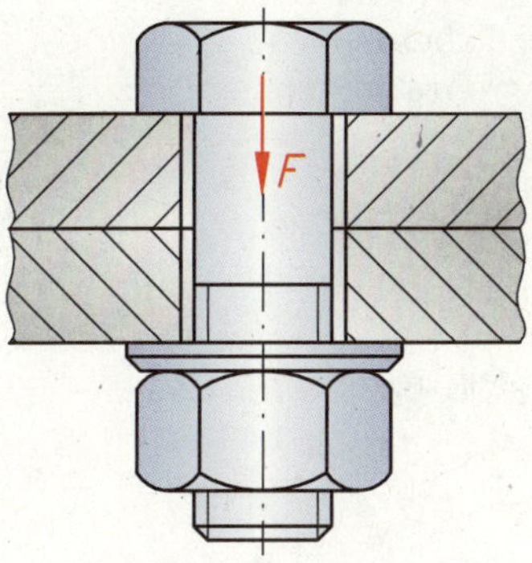

Beanspruchung auf ______________

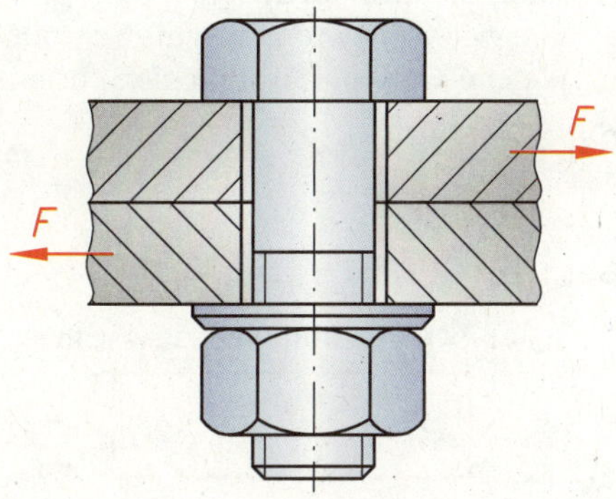

Beanspruchung auf ______________

1. **Aufgabe:** Eine Sechskantschraube M 12 x 30 – 8.8 darf laut Tabellenbuch mit 87 Nm angezogen werden.
   a) Berechnen Sie die Anzugskraft (in N) bei 220 mm Schlüssellänge.
   b) Wie lang (in mm) muss die wirksame Schlüssellänge sein, wenn nur 300 N Handkraft aufgebracht werden?

2. **Aufgabe:** Eine Schraube mit metrischem ISO-Gewinde muss bei 2-facher Sicherheit die Zugkraft von 22 kN übertragen. Sie darf dabei ihre Streckgrenze von 320 N/mm^2 nicht überschreiten.
   Welcher Gewinde-Nenndurchmesser ist zu wählen?

3. Aufgabe: In einer Stahlkonstruktion wird eine Sechskantschraube DIN EN ISO 4017 – M 12 x 60 – 10.9 auf Zug belastet. Die Gewindesteigung beträgt 1,75 mm.

a) Wie viel Kilonewton kann die Schraube übertragen, ohne sie zu überdehnen?

b) Welche Kraft (in kN) kann die Schraube bis zur Zugfestigkeitsgrenze aufnehmen?

Geg.:

Ges.: a) b)

a) Kernlochdurchmesser = Gewindenenndurchmesser – Steigung

$d_k =$

4. Aufgabe: Die Zugfestigkeit R_m einer Zylinderschraube DIN EN ISO 4762 – M 16 x 100 beträgt 1200 N/mm², ihre Querschnittsfläche wird im Tabellenbuch mit 157 mm² angegeben. Die Schraube wird bis zu ihrer Streckgrenze R_e mit der Kraft von 169,56 kN belastet. Die Sicherheitszahl ist 1.

a) Berechnen Sie die Streckgrenze (in N/mm²) der Schraube.

b) Bestimmen Sie die genormte Festigkeitsklasse der Zylinderschraube.

5. Aufgabe: Eines Sechskantpassschraube (DIN 609 – M 16 x 60 – A2 – 70) wird durch die Schubkraft von 20 kN belastet. Der Schaftdurchmesser von Passschrauben ist größer als der Gewindenenndurchmesser. Informieren Sie sich im Tabellenbuch.
Berechnen Sie die Schubspannung in N/mm^2.

6. Aufgabe: Eine Passschraubenverbindung wird mit 10 kN auf Schub beansprucht. Die Scherfließgrenze τ_{aF} des Schraubenwerkstoffs beträgt 390 N/mm^2, die Sicherheitszahl ist 2.

a) Berechnen Sie die zulässige Scherspannung.

b) Wie groß sind Schaftdurchmesser und Passschraubengröße?

7. **Aufgabe:** Die skizzierte Schraube M 24 hat eine Mindeststreckgrenze von 800 N/mm². Die Sicherheitszahl beträgt 1,8.
Bei Überbelastung kann der Schraubenschaft abgeschert werden.
Zeichnen Sie dies in die Skizze farbig ein.
Mit welcher Kraft (in kN) kann die Schraubenverbindung beansprucht werden?

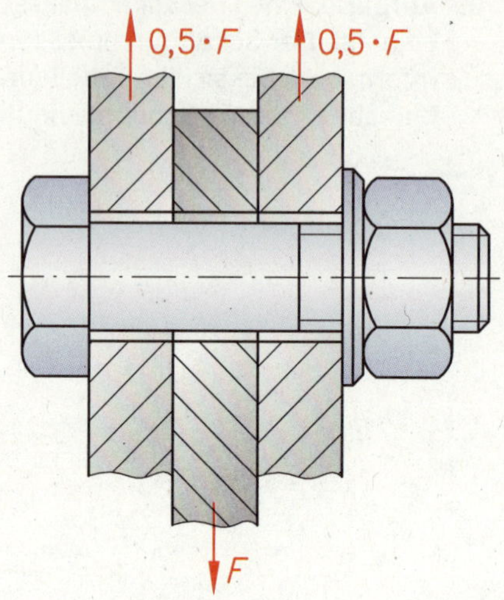

A. Steckverbindungen

1. Rohre (Auswahl)

Abflussrohr aus Kunststoff mit Steckmuffe	Regenfallrohr aus Metall
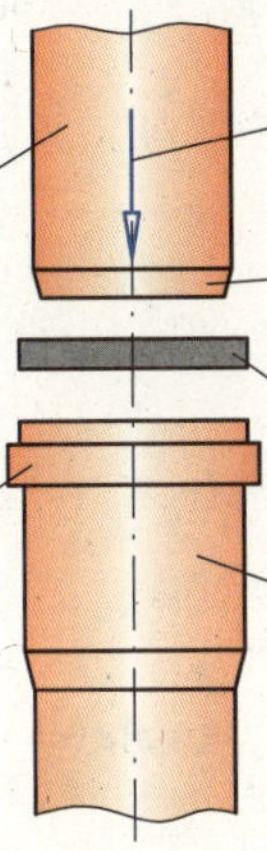	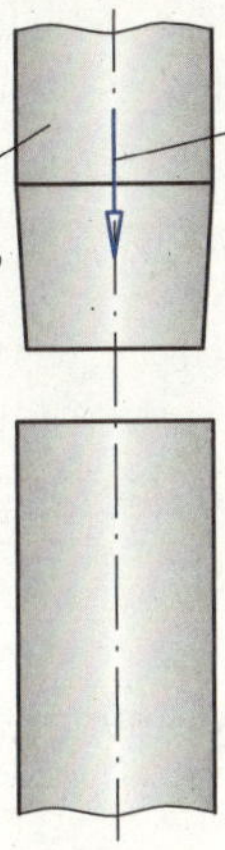
Das Rohr wird bis zum Muffengrund eingesteckt (Gleitmittel verwenden).	Die Einstecktiefe muss mind. 50 mm betragen.

2. Bolzen

Bolzen sind kurze Achsen, die eine bewegliche Verbindung von Bauteilen ermöglichen.

a) Bolzenarten

Ordnen Sie die folgenden Begriffe den Skizzen zu.
Gabel, Lasche, Splint, Bolzen, Unterlegscheibe, Gleitlager, Pleuelstange, Kolben, Kolbenbolzen (Hohlausführung).

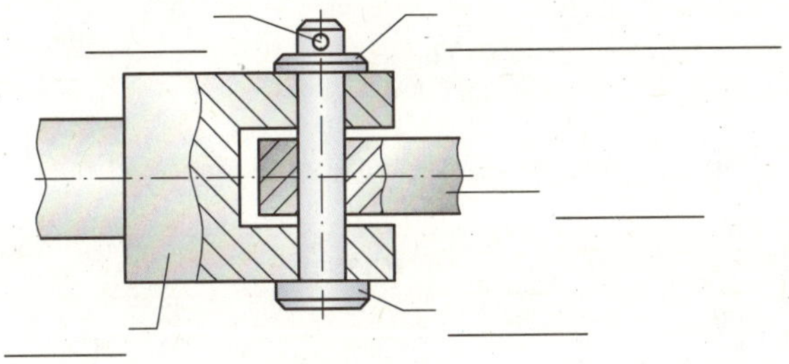

Gelenkbolzen

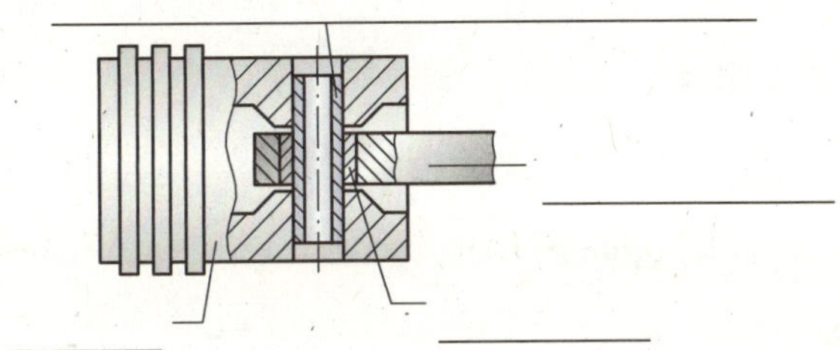

Lagerbolzen

Beanspruchung der Bolzen: ______________________

b) Bolzenformen

Bolzen ohne Kopf	Bolzen mit Kopf	Bolzen mit Kopf und Gewindezapfen	Bolzen mit Senkkopf
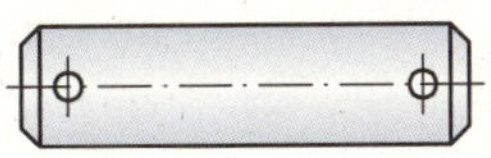	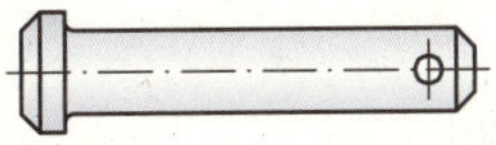	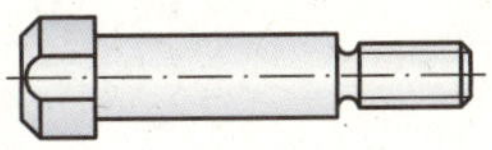	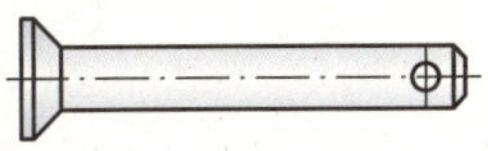

Merke: Bolzen ohne Splintloch ⟶ Form A
Bolzen mit Splintloch ⟶ Form B

Bolzenwerkstoff: Normzeichen St (Stahl), z. B. E 355, C 35, 9 S Mn Pb 28

c) Bolzensicherungen
Benennen Sie die dargestellten Sicherungsarten.

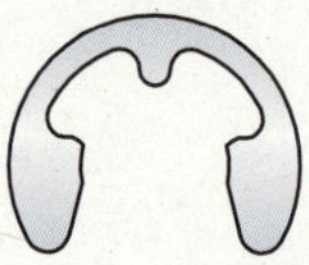	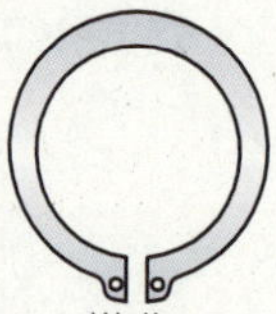 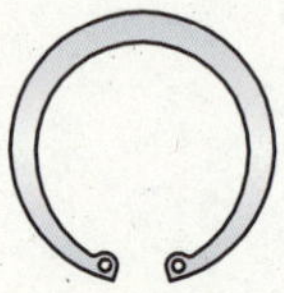	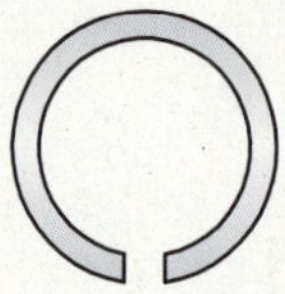		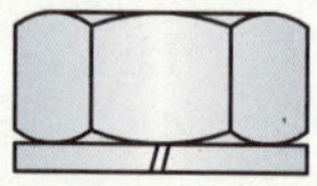
Bolzen wird geschwächt durch				
eckige Nut		halbrunde Nut	Bohrung	------

d) Normung
Geben Sie die Normung der skizzierten Maschinenelemente an. Verwenden Sie als Hilfsmittel das Tabellenbuch.

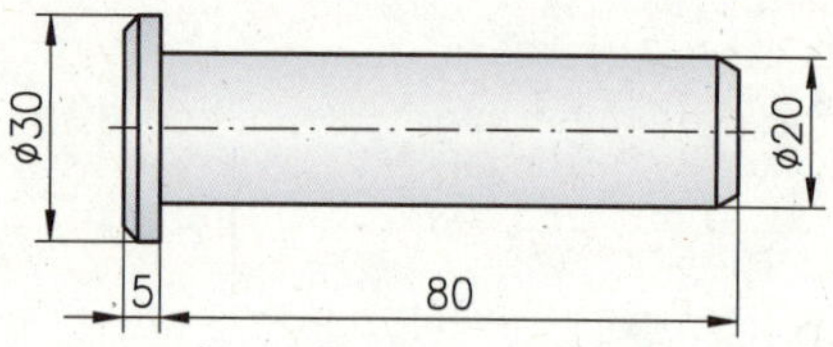	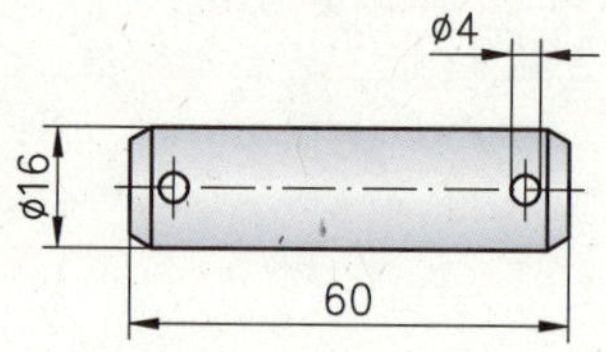	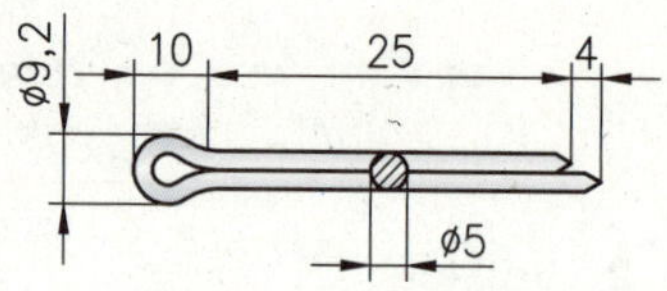

B. Stifte

Stiftverbindungen zählen zu den lösbaren Verbindungen. Sie werden auf Abscherung beansprucht.

Befestigungsstift	Abscherstift	Passstift
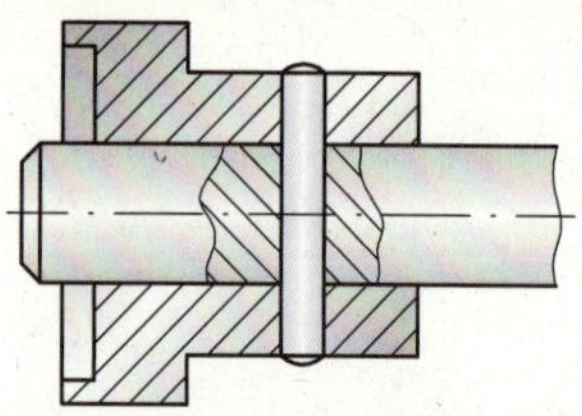		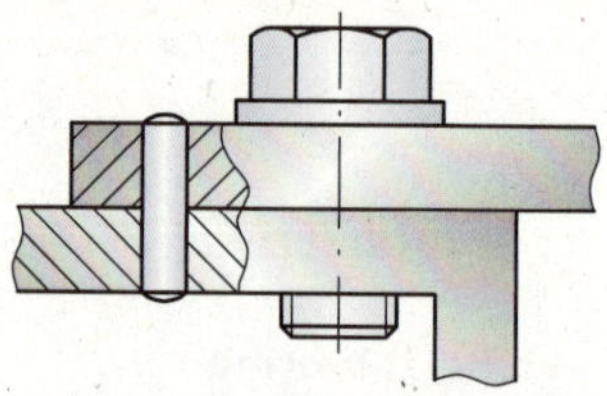
Verwendungszweck: z. B.	Verwendungszweck: z. B.	Verwendungszweck: z. B.

Konstruktionsmechanik	Datum:	**Montieren und Demontieren von Baugruppen** *Steckverbindungen, Stifte und Spannschlösser*	Lernfeld 6
Name:	Klasse:		3

Geben Sie die Normung der skizzierten Stifte mithilfe des Tabellenbuchs an.

leichte Ausführung

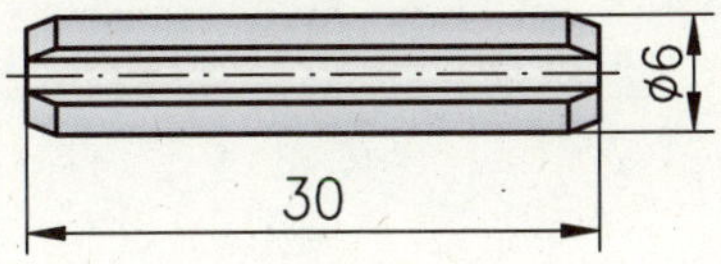

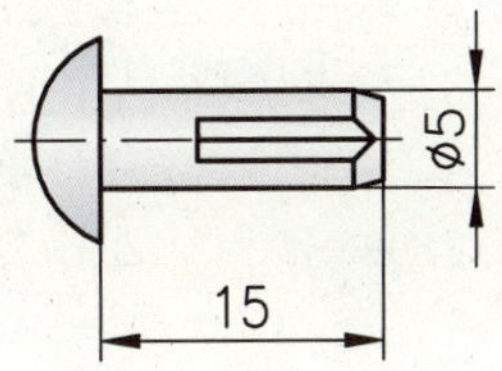

C. Spannschlösser

Aufgabe:

Arten von Spannschlössern

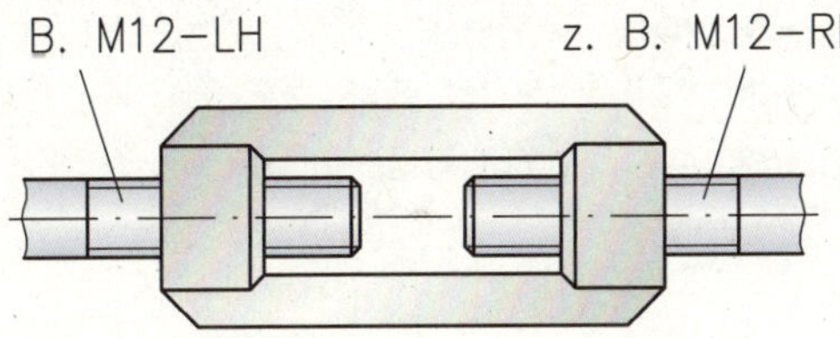

Offenes Spannschloss

Vorteil:

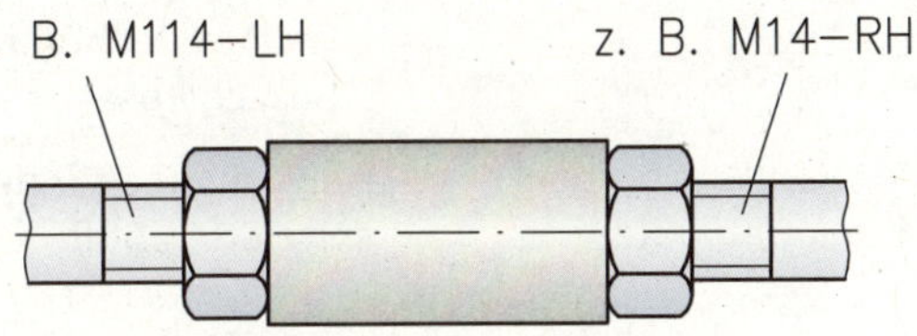

Geschlossenes Spannschloss

Vorteil:

Aufgabe: Der Kopf eines Bolzens (DIN EN 22341 – A – 40 x 200 – St) wird in Längsrichtung mit 300 kN auf Abscherung belastet. Die Scherfließgrenze τ_{aF} beträgt 400 N/mm², die Sicherheitszahl ist 3. Wie viel Millimeter muss der Kopf hoch sein?

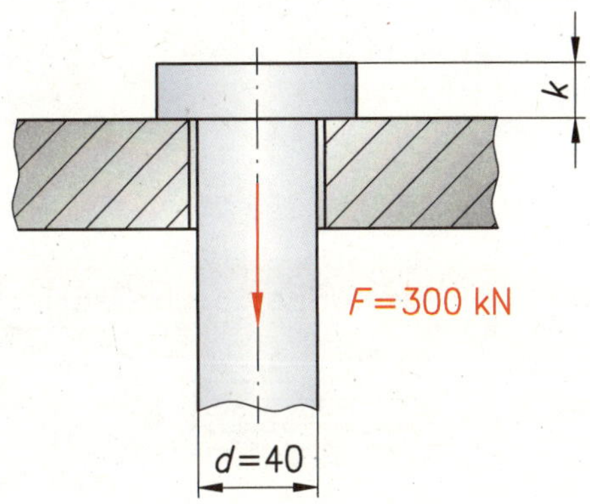

Stiftformen (Auswahl)

Zylinderstifte		Kegelstifte (Kegelverjüngung 1 : 50)
ungehärtet	gehärtet	ungehärtet (DIN EN ISO 22339)
DIN EN ISO 2338	DIN EN ISO 8734	
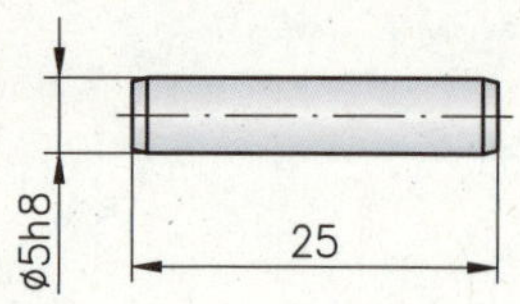	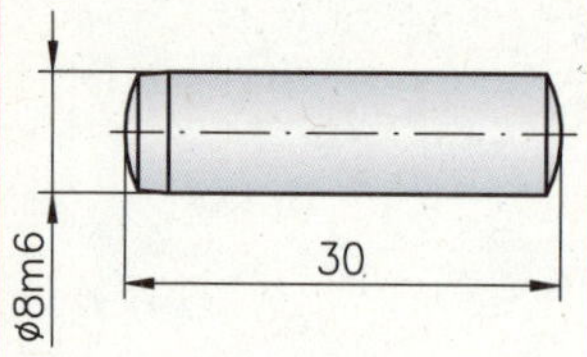	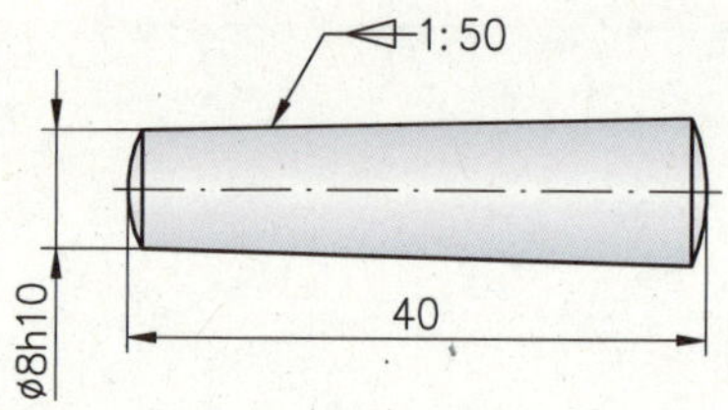
Werkstoffbeispiel: 9 S Mn Pb 28	Werkstoffbeispiel: 100 Cr 4	Werkstoffbeispiel: E 355
Normbuchstabe: St (Stahl)	Normbuchstaben: A = durchgehärtet B = randschichtgehärtet C1 = nicht rostender Stahl	Normbuchstaben: St (Stahl) A = geschliffene Oberfläche B = gedrehte Oberfläche
Normangabe für den skizzierten Stift:	Normangabe für den skizzierten Stift:	Normangabe für den skizzierten Stift:
Für seltene Demontagen	Für seltene Demontagen	Für häufige Demontagen

Geben Sie die Arbeitsvorbereitung für den Einbau von Stiften an. Denken Sie dabei auch an Grundbohrungen.

Spannstifte (Spannhülsen)	Kerbstifte	Kerbnägel
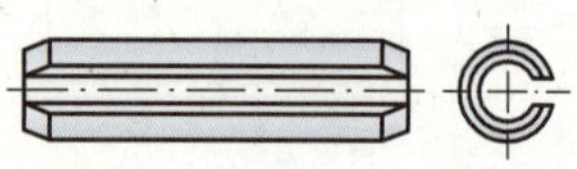	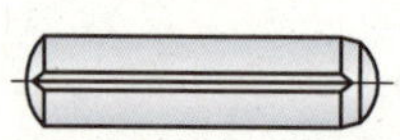	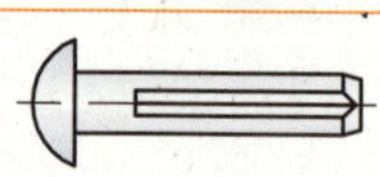
Die Schlitzlage ist von der ______-Richtung abhängig	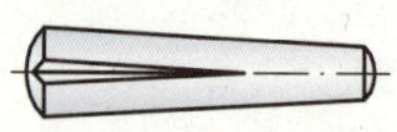	
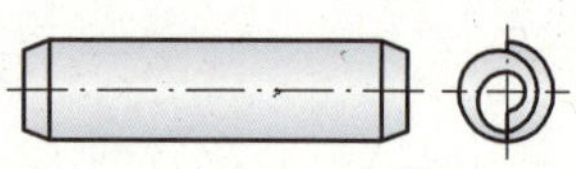	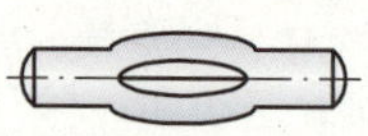	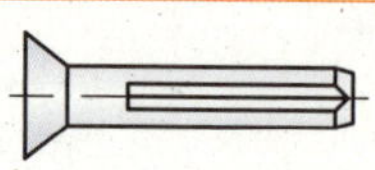
	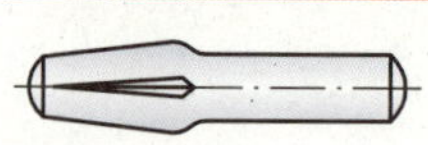	
Sehr große Belastbarkeit in allen Richtungen	Kerbstifte und Kerbnägel besitzen drei Längskerben. Verwendung bei geringer Passgenauigkeit.	
Geeignet für eine häufige Demontage	Geeignet für eine seltene Demontage	

Arbeitsvorbereitung:

Klemmverbindungen

Klemmverbindungen sind lösbare Kraftschlussverbindungen und können in jeder Dreh- oder Winkellage geklemmt werden. Das zu klemmende Bauteil wird dabei nicht beschädigt.

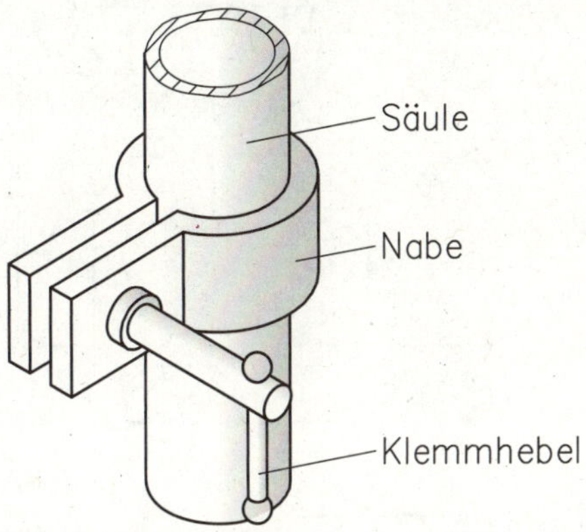

Die Nabe ist ______________________.

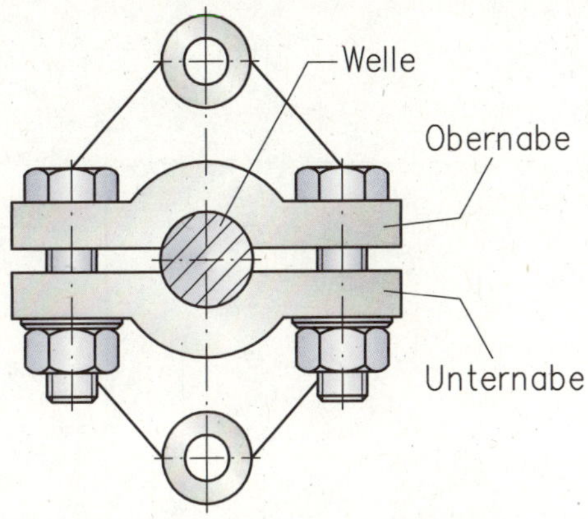

Die Nabe ist ______________________.

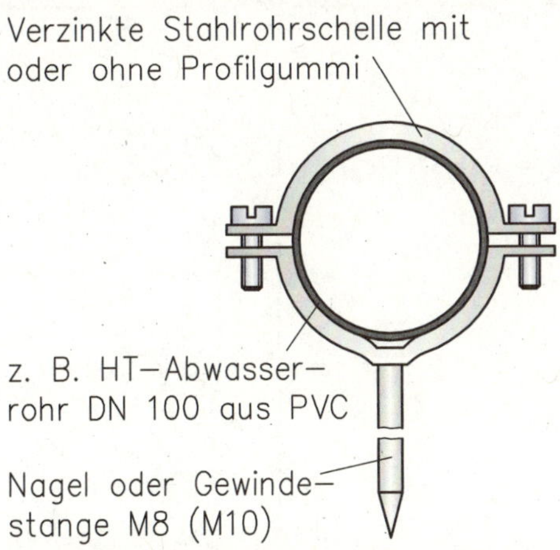

Die Rohrschelle ist ______________________.

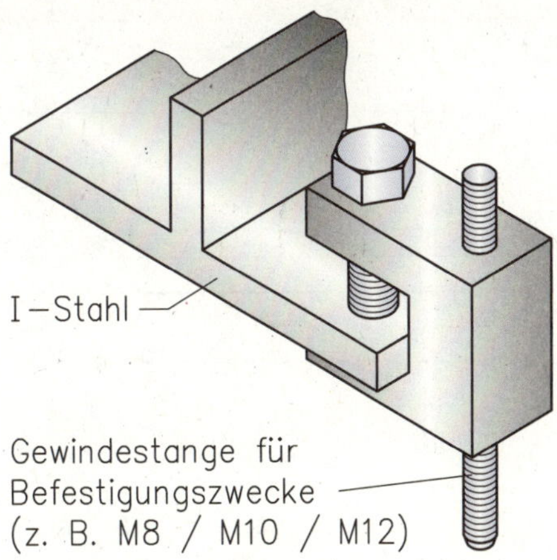

Die Trägerklammer ist ______________________.

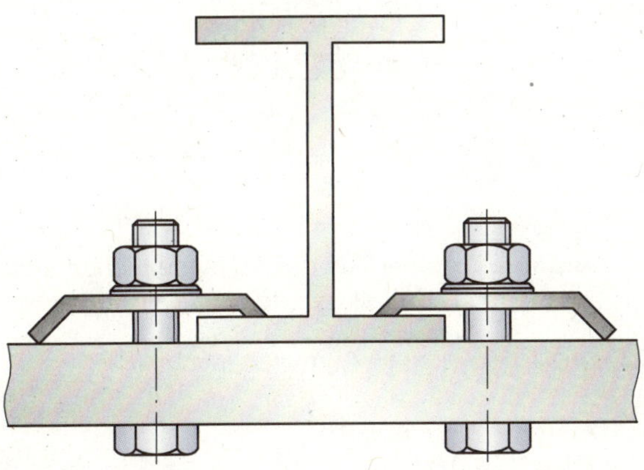

____

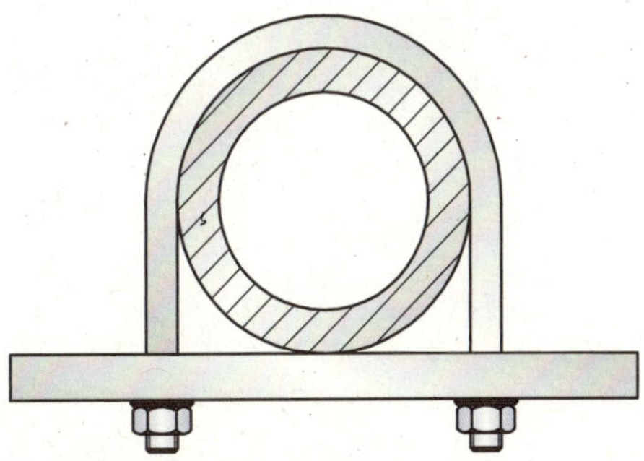

____

Konstruktionsmechanik	Datum:	Montieren und Demontieren von Baugruppen	Lernfeld 6
Name:	Klasse:	*Hebezeuge*	5

Profile, Bleche und Fertigteile müssen in der Werkstatt gehoben, gesenkt oder transportiert werden. Dazu verwendet man Hebezeuge, Tragmittel (z. B. Seile, Ketten) und Lastaufnahmemittel (z. B. Haken, Zangen). Sie werden als Lastaufnahme-Einrichtungen bezeichnet.

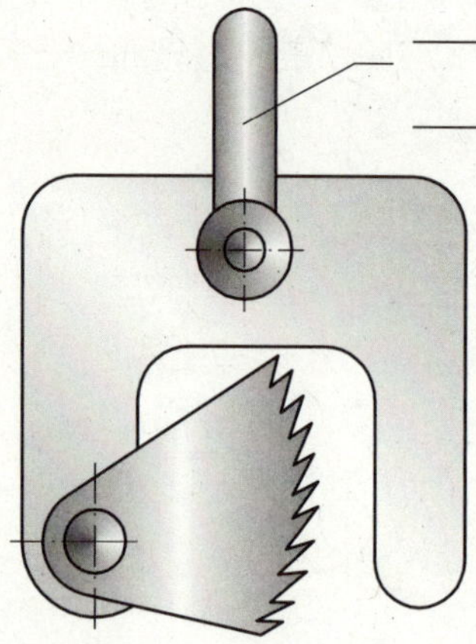

Beförderung von ____________________

____________________-Heber

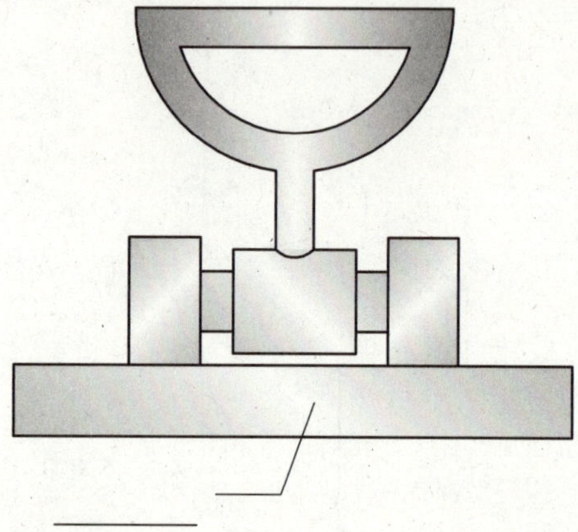

Beförderung von ____________________

____________________-Heber

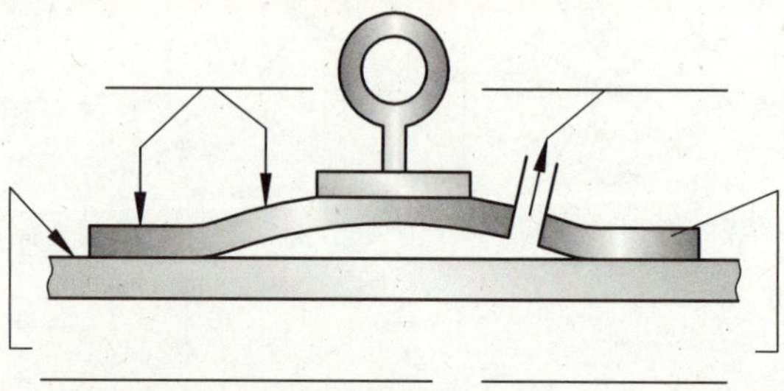

Beförderung von ____________________

____________________-Heber

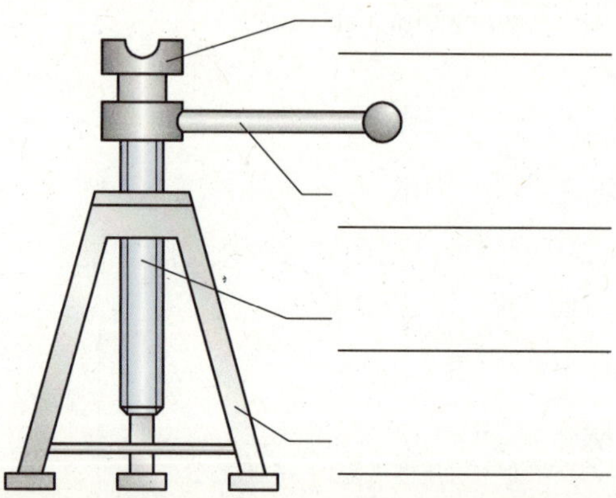

____________________-Winde

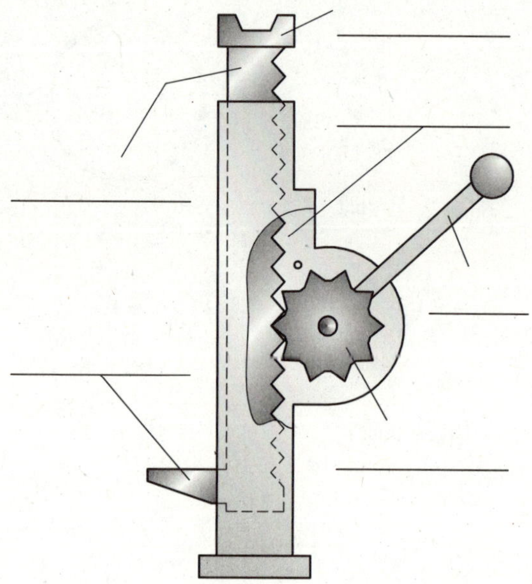

Aufgabe: Zeichnen Sie das fehlende Sicherheitsbauteil in die skizzierte Winde ein und benennen Sie es.

____________________-Winde

Nachteil der Schrauben- und Zahnstangenwinde:

____

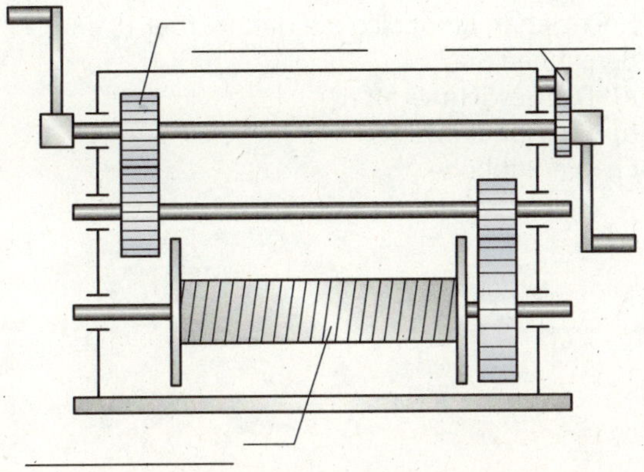

Vorteil:

Anwendung:

-Winde

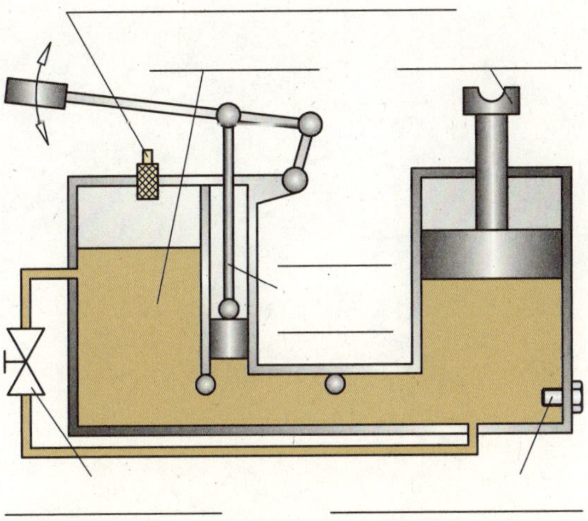

Vorteil:

Aufgabe:

Es soll eine Last gehoben werden.

1. Zeichnen Sie alle notwendigen Ventilklappen und Klappenbegrenzungen ein.
2. Kennzeichnen Sie durch Pfeile die Bewegungsabläufe von Hebel und Kolben.

Vorteil des hydraulischen Hebers:

Überlegen Sie, auf welche Kosten der Gewinn der Kraft geht.

Seilzug

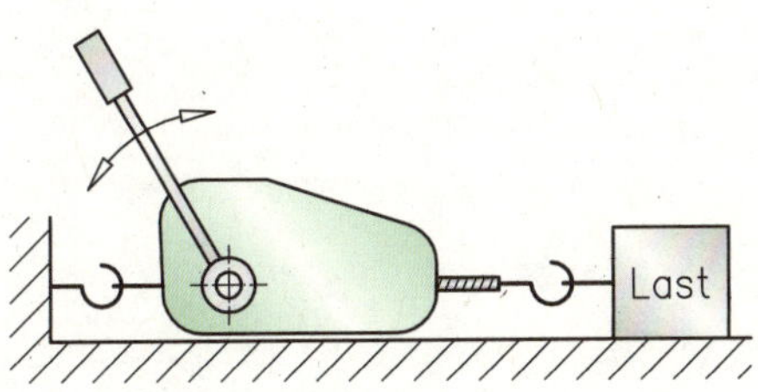

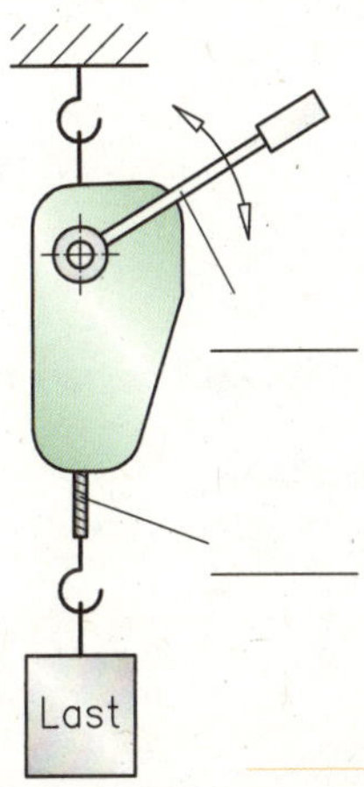

1. Aufgabe:

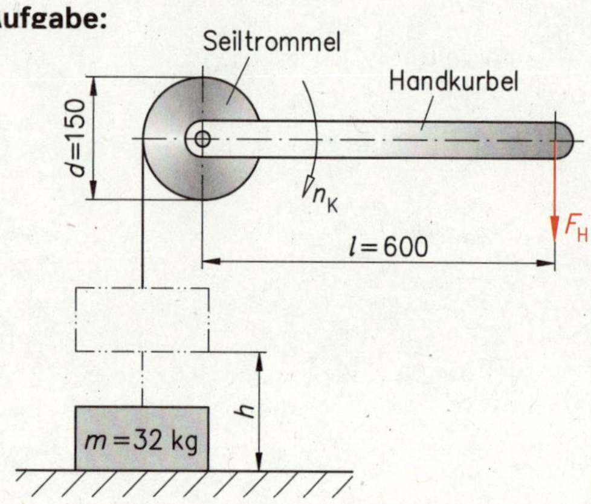

An einer Seilwinde hängt die Masse von 32 kg. Beim Hochziehen dreht sich die Handkurbel 15-mal.
Berechnen Sie:

a) Die Gewichtskraft (N)
b) Die Handkraft (N)
c) Die Hubhöhe (m)

2. Aufgabe: Der Drehhebel einer Schraubenwinde wird mit 30 N bewegt.
Die Spindel hat ein Gewinde Tr 24 x 5.
Welche Masse (in kg) kann gehoben werden?

Tr =

24 =

5 =

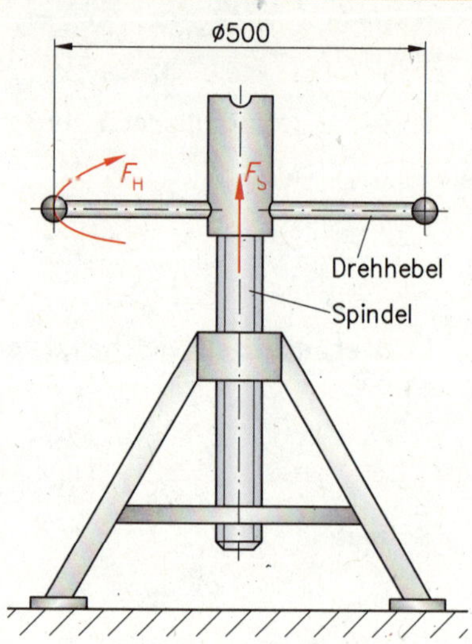

3. Aufgabe: Hydraulische Presse

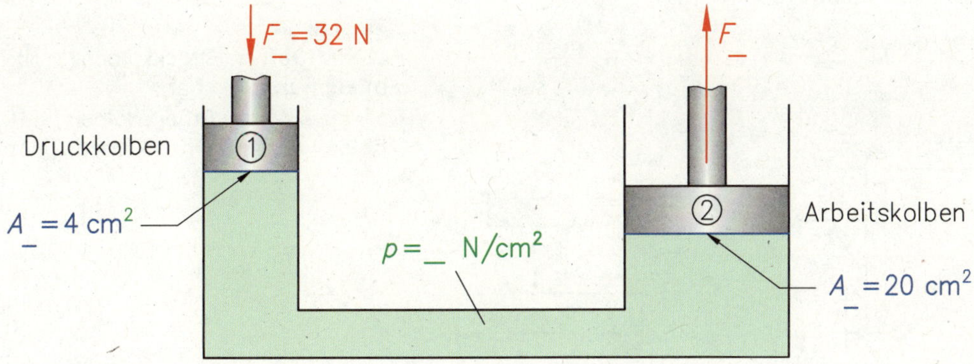

Berechnen Sie: a) Flüssigkeitsdruck (in N/cm^2, und in bar)
b) Kraft am Arbeitskolben (in N)

Geg.: ______

Ges.: a) ______ b) ______

a) $p =$ ______

$p =$ ______

$p =$ ______

$p =$ ______

1 bar = ______ N/cm^2

b) Der Druck breitet sich in Flüssigkeiten ______ aus:

$p =$ ______ ______ = ______

______ = ______

______ = ______

______ = ______ N

=

oder

=

4. Aufgabe: Der Druckkolben einer hydraulischen Presse hat 20 mm Durchmesser und wird mit einer Kraft von 160 N bewegt. Am Arbeitskolben soll eine Kraft von 4 kN erreicht werden.
Welchen Durchmesser (in mm) muss der Arbeitskolben haben?

Beim Rechnen mit der hydraulischen Presse darf man für die Kräfte oder die Flächen jede Benennung verwenden, wichtig ist nur, dass sie ______ sind.

5. Aufgabe: Die Skizze zeigt eine hydraulische Presse. Der Druckkolben wird durch einen einseitigen Hebel mit der Handkraft von 100 N betätigt.

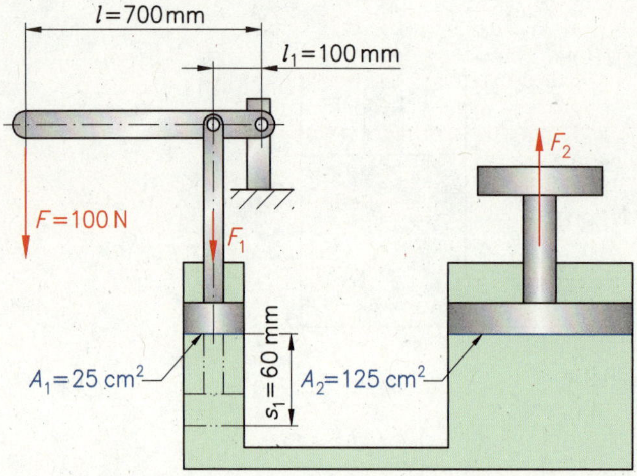

Berechnen Sie:

a) die Kraft am Druckkolben (in N),
b) den Druck (in bar),
c) die Kraft am Arbeitskolben (in N),
d) den Hub des Druckkolbens (in mm).

6. Aufgabe: Druckumwandler

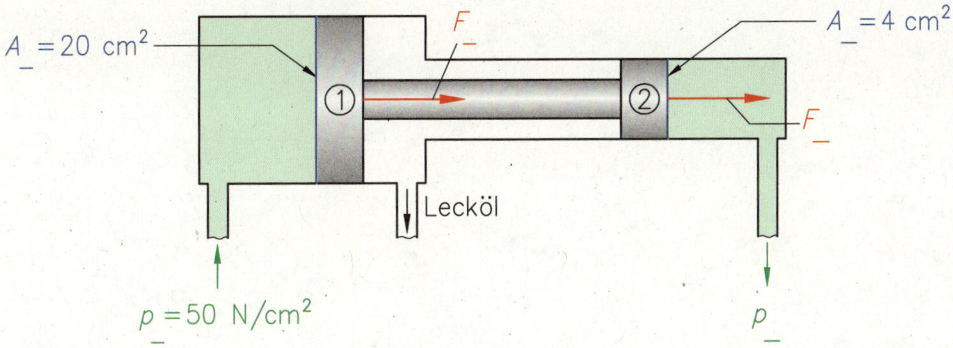

Berechnen Sie: a) die Kraft (in N) am Kolben 1,
b) den Druck (in N/cm²) nach dem Kolben 2,
c) das Übersetzungsverhältnis der Drücke.

Geg.: ____________________

Ges.: a) ______ b) ______ c) ______

a) p ___ = ______

___ = ______

___ = ______

___ = ______

b) p ___ = ______

p ___ = ______

p ___ = ______

F ___ = F ___

______ = ______

c) Ähnlich wie beim Riemen-, Zahnrad- oder Schneckentrieb kann auch beim Druckwandler das Übersetzungsverhältnis berechnet werden.

Das Übersetzungsverhältnis ___ gibt an, wie sich der Druck vor dem Kolben ___ zum Druck nach dem Kolben ___ verhält; die Rechnung ist also eine ______________:

i = ______

i = ______

Dieses Übersetzungsverhältnis ergibt sich auch, wenn man mit den Kolbenflächen rechnet:

i = ______

i = ______

i =

i =

7. Aufgabe: Ein Druckwandler hat die Kolbendurchmesser 100 mm und 50 mm. Der Eingangsdruck beträgt 4 bar. Berechnen Sie den Druck am Ausgang (in bar) und das Übersetzungsverhältnis.

Beim Rechnen mit dem Druckwandler darf man für die Flächen oder die Drücke jede Benennung verwenden, wichtig ist nur, dass sie ______ sind.

8. Aufgabe: Am Ausgang eines Druckwandlers werden 25 bar benötigt.
Berechnen Sie den Eingangsdruck (in bar) bei 25 mm und 65 mm Kolbendurchmesser und das Übersetzungsverhältnis.

Anschlagmittel

1. Seile

a) Faserseile

Man unterscheidet Seile aus
Naturfasern. Kunstfasern

Hanfseile
Hanfseile werden aus Manila- oder Sisalhanf gedreht.

Vorteile: ____________

____

____

Nachteile: ____________

____

Kunststoffseile
Kunststoffseile werden aus Kunststofffäden (z. B. PA, PE, UP) gedreht.

Vorteile: ____________

____

____

Nachteile: ____________

____

Aufbau der Faserseile
Mehrere Fasern werden zu einer Litze gedreht. Mehrere Litzen ergeben den Trossenschlag.

Faserseile können auch aus mehreren Trossen bestehen. Mehrere Trossen ergeben den Kabelschlag.

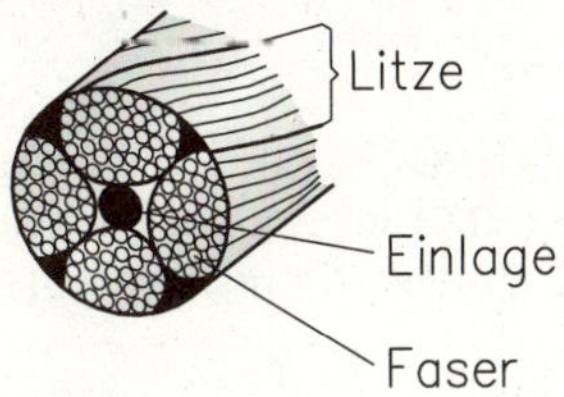

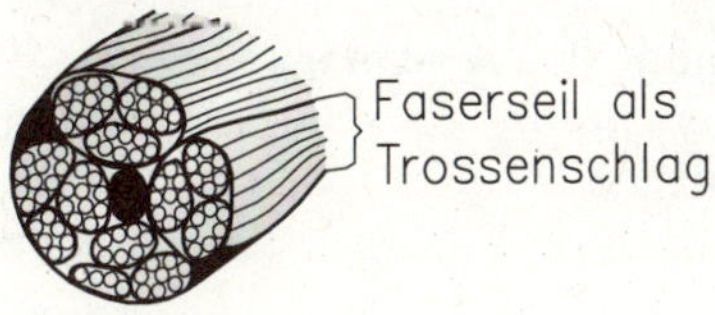

3 Litzen ⟶ Form A
4 Litzen ⟶ From B

3 Kardeele ⟶ Form C
4 Kardeele ⟶ Form D

Welche Form wurde jeweils gezeichnet?

Faserseil Form ______

Faserseil Form ______

Kennzeichnung der Drehrichtung (Schlagrichtung)

Z-Drehung (Z-Schlag):
____________-drehend

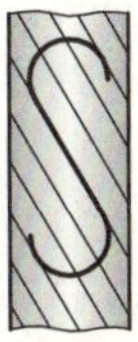

S-Drehung (S-Schlag):
____________-drehend

b) Stahldrahtseile

Aufbau der Stahldrahtseile

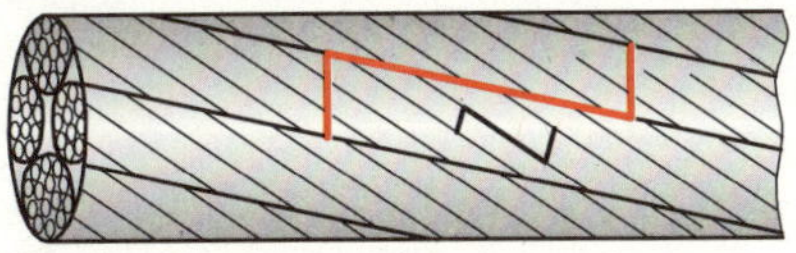

Gleichschlag-Drahtseil
Die Stahldrähte in der Litze besitzen eine ______-Drehung, die Litzen im Drahtseil eine ______-Drehung.

Kennzeichnung: ______ oder ______

Vorteile: ____________

____

Nachteile: ____________

____

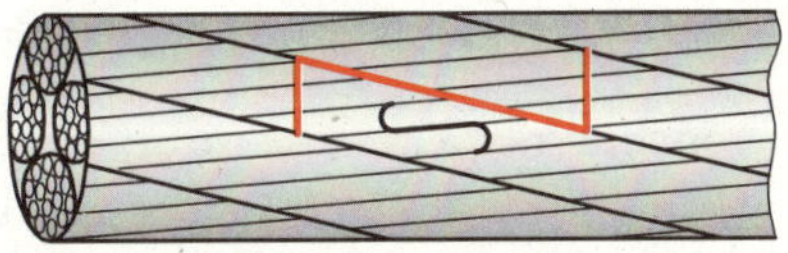

Kreuzschlag-Drahtseil
Die Stahldrähte in der Litze besitzen eine ______-Drehung, die Litzen im Drahtseil eine ______-Drehung.

Kennzeichnung: ______ oder ______

Vorteile: ____________

____

Nachteile: ____________

____

Gestaltung der Seilenden
Ordnen Sie die folgenden Begriffe den Skizzen zu:
Seilhülse, Presshülse, Kauschenspleiß, Drahtseilklemme

Die innen liegende herzförmige Seilführung heißt Kausche.

Abspannseil-Verlängerung
Ordnen Sie wieder die folgenden Begriffe den Skizzen zu:
Spannschloss, Schäkel, Drahtseilklemmen

mit umwickelten Seilenden

Unbrauchbar sind Anschlagseile bei:

Bruch einer Litze
Aufdoldungen
Quetschungen
Seilabknickungen
Korrosionsnarben
Lockerung der Außenlage
Beschädigung des Seilendes
Seilklinken oder Seilklauken
(Seilverdrehung mit Litzenabriss)

2. Gliederketten

a) Arten von Gliederketten
Ordnen Sie die folgenden Begriffe den Skizzen zu:
Schlingkette, Ankerkette (Stegkette), Lastkette

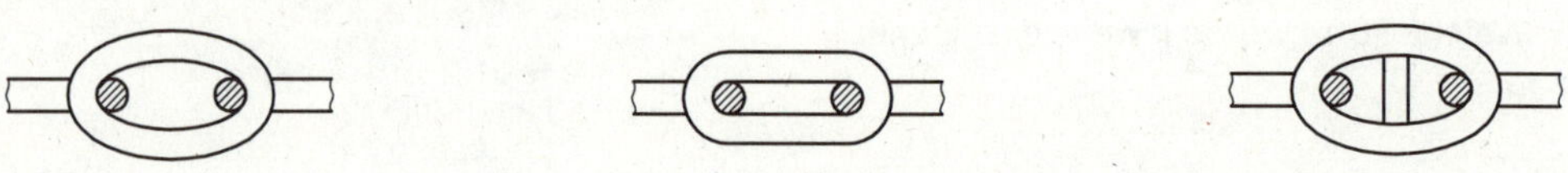

b) Vorteile – Nachteile

Vorteile:

Nachteile:

c) Kennzeichnung der Ketten
Verwenden Sie nur Ketten mit Kennzeichnungsmarke!

Anhängerform	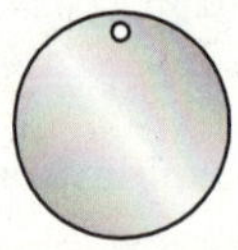	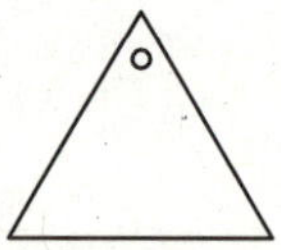	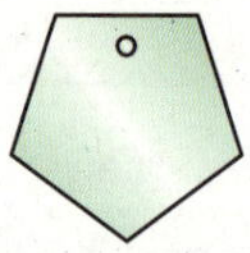	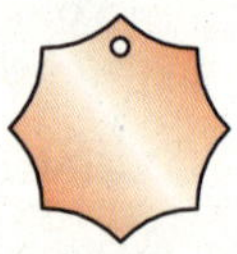
Kennfarbe	grau, natur oder farblos	weiß	grün	rot
Werkstoff-Güteklasse	2 geringe Tragfähigkeit	3	5	8 hohe Tragfähigkeit

Eine sehr hohe Tragfähigkeit hat die Güteklasse 12. Der Anhänger ist gelb und hat 10 Spitzecken.

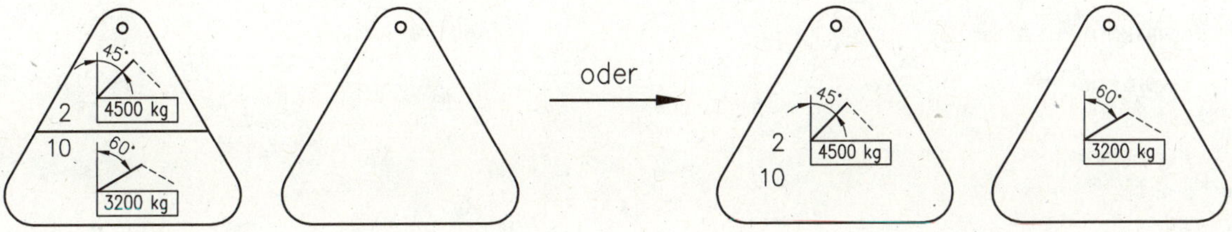

Aufgabe: Informieren Sie sich mithilfe des Tabellenbuchs.

Symbole	Erklärung
45°	
4500 kg	
2	
10	
dreieckige Anhängerform	
Anhängerfarbe	

d) Unbrauchbare Anschlagketten
Anschlagketten dürfen nicht mehr verwendet werden, wenn die ganze Kette oder ein Einzelglied mehr als 5 % gedehnt ist oder wenn die ursprüngliche Kettenglieddicke mehr als 10 % abgenommen hat.

e) Hilfsmittel (Auswahl)
Ordnen Sie die folgenden Begriffe den Skizzen zu:
Schäkel, Sicherheitshaken, Aufhängeglied, Traverse (Brücke), Wirbelhaken

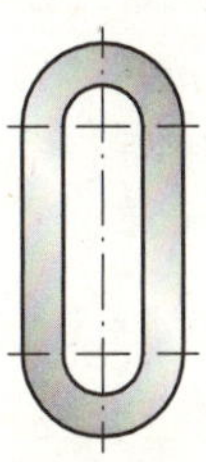	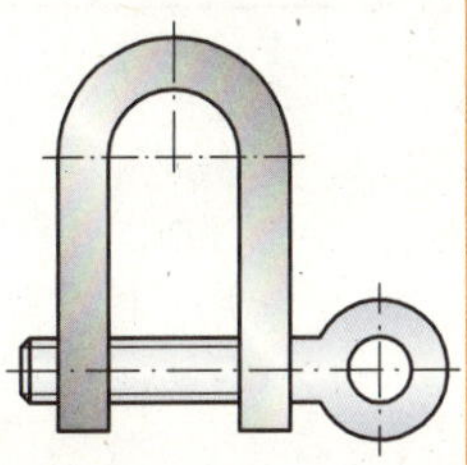	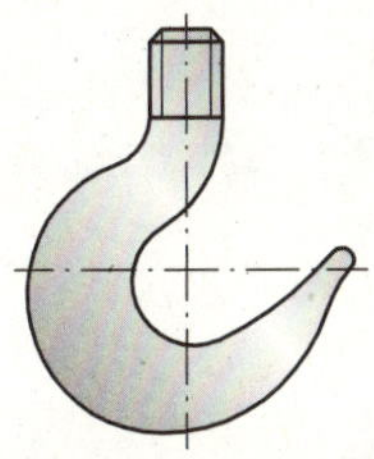	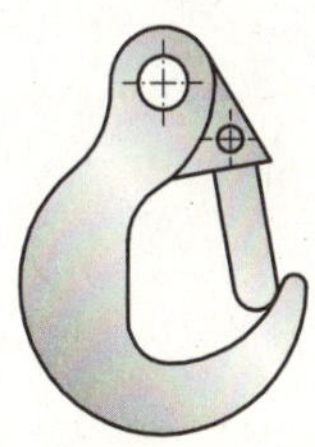	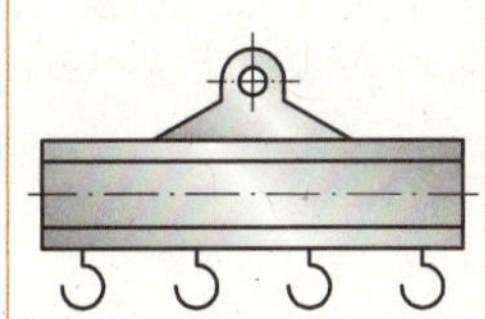

3. Spreizwinkel der Seile und Ketten

Spreizwinkel	0°	45°	90°	120°
Tragfähigkeit	100 %	90 %	70 %	50 %

Erkenntnis:
Großer Spreizwinkel →

4. Vorschriften für das Anschlagen von Lasten

Geben Sie anhand der Stichwörter entsprechende Vorschriften für das Anschlagen von Lasten an.

a) Tragfähigkeit –

b) Gewichtsverteilung –

c) Pendeln der Last –

d) Personenbeförderung –

e) Scharfkantige Lasten –

f) Lastunterlagen –

g) Prüfmarke –

h) Nässe –

i) Temperatur –

j) Verdrehte unbelastete Seile –

k) Schwebende Lasten –

l) Handzeichen –

Handzeichen siehe Tabellenbuch.

5. Aufgabe

Berechnen Sie bei einem Spreizwinkel von 90° die wirksame Kraft (in N) in den beiden Seilen.
Auf wie viel Prozent verringert sich durch den Spreizwinkel die Tragfähigkeit? Überprüfen Sie Ihr Ergebnis mit dem Tabellenwert bei 3.

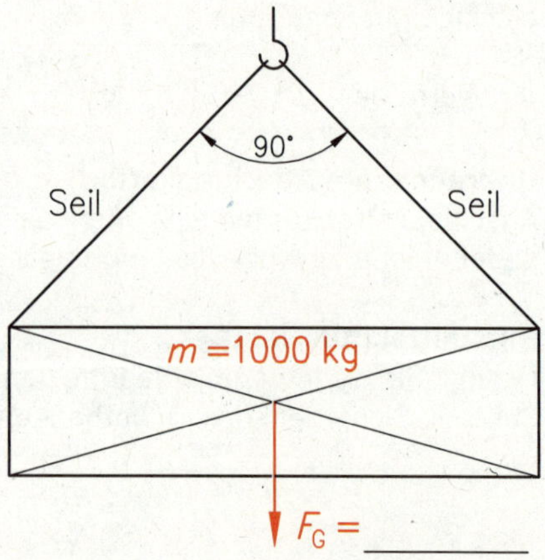

Geg.:

Ges.:

C. Rolle und Flaschenzug

Berechnen Sie für 1., 2. und 3.:

a) die Größe der Kraft F_2 am Zugseil, wenn am Lastseil $F_1 = 400$ N angreifen,

b) den Zugseilweg s_2 bei einem Lastseilweg s_1 von 80 cm.

Geg.:

Ges.: a) b)

1. Feste Rolle

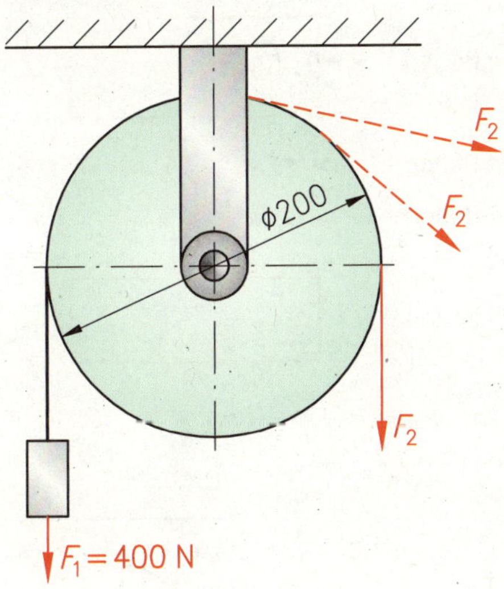

a) Kraftersparnis:

$F_2 =$

Welchen Sinn hat dann die feste Rolle?

Bezeichnung der festen Rolle:

b) Hebelgesetz:

$s_2 =$ cm

$s_2 =$

2. Lose Rolle

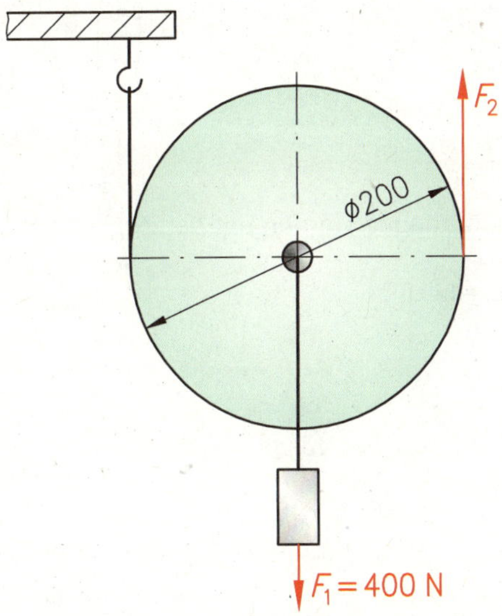

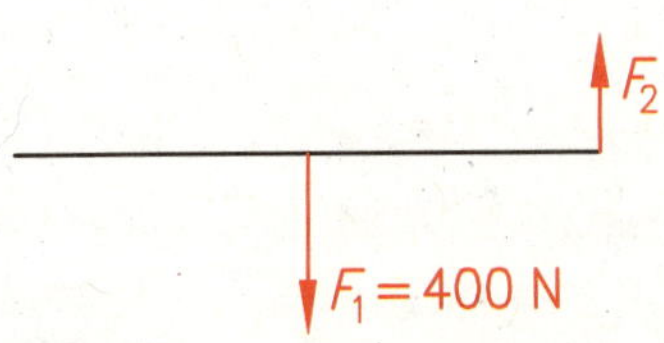

a) Hebelgesetz:

$F_2 =$

Legen Sie den Drehpunkt fest!

$F_2 =$

$F_2 =$

$F_2 =$

$F_2 =$

Kraftersparnis:

b) Zugseilweg:

$s_2 =$

$s_2 =$ cm

$s_2 =$

3. Feste und lose Rolle = Flaschenzug

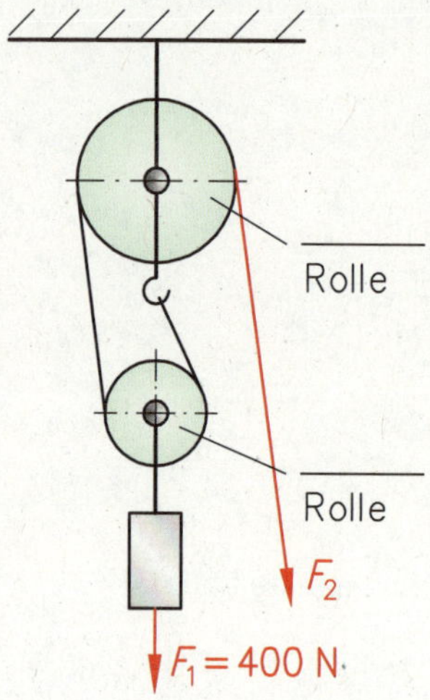

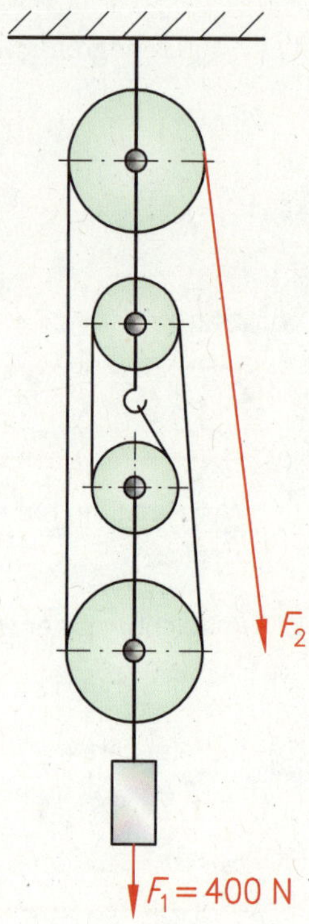

a) Bei 1 festen und 1 losen Rolle,
also 2 Rollen ⟶ $F_2 =$ ______ = ______ N,

bei 2 festen und 2 losen Rollen,
also 4 Rollen ⟶ $F_2 =$ ______ = ______ N,

bei *n* Rollen ⟶ $F_2 =$ ______

b) Bei 2 Rollen ⟶ $s_2 =$ ______ = ______ cm,
bei 4 Rollen ⟶ $s_2 =$ ______ = ______ cm,

bei *n* Rollen ⟶ $s_2 =$ ______

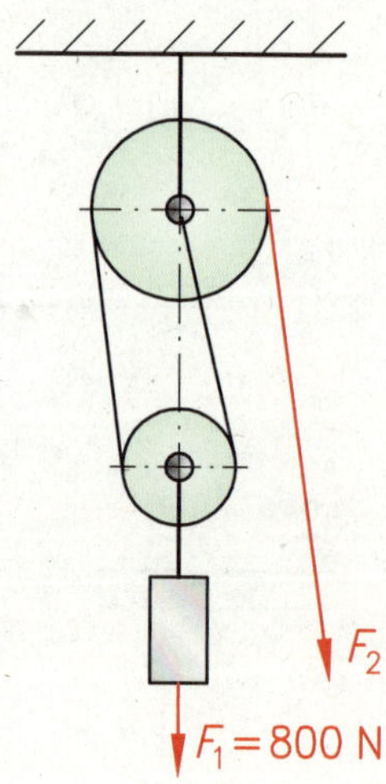

1. Aufgabe: Welche Zugkraft und welcher Zugseilweg sind notwendig, um mit der gekennzeichneten Rollenanordnung die Last von 800 N 2,4 m hoch zu heben?

2. Aufgabe: Mit der in der 1. Aufgabe gekennzeichneten Rollenanordnung werden mit der Zugkraft von 360 N 3,8 m Seil eingeholt.
Welche Masse kann gehoben werden und wie groß ist der Lastseilweg?

3. Aufgabe: Das Kunststoffseil eines Flaschenzugs mit 6 Rollen darf mit der Zugkraft von 2,4 kN belastet werden. Welche Masse kann mit dem Flaschenzug gehoben werden?

4. Aufgabe: Ein Arbeiter kann die Kraft von 400 N aufwenden und soll mit einem Flaschenzug 240 kg auf 2,4 m Höhe bringen.
Mit wie viel Rollen muss der Flaschenzug bestuckt sein und wie viel Meter Seil muss der Arbeiter einholen?

5. Aufgabe: Ein Flaschenzug mit 6 Rollen soll 186 kg heben. Durch Reibung gehen 18 % der aufgewendeten Kraft verloren.
Berechnen Sie den Kraftaufwand am Zugseil.

In jedem Betrieb entstehen Abfälle. Die oft wertvollen Stoffe müssen gesammelt, sortiert und der Industrie wieder zugeführt oder entsorgt werden. Dabei sind die Verordnungen der Abfallgesetze zu beachten. Entsprechende Unterlagen stellt jede Gemeinde zur Verfügung. Bei der Entsorgung betrieblicher Abfälle müssen folgende Grundsätze beachtet werden:

Aufgabe: Kreuzen Sie an, welche aufgeführten Betriebsabfälle wiederverwertbar sind, verbrannt, als Sondermüll oder als Hausmüll entsorgt werden.
Geben Sie Beispiele für die Wiederverwendbarkeit an.

Betriebliche Abfälle	Gut recycelbar	Verbrennung	Sondermüll	Hausmüll	Beispiel
Papier, Pappe					
Holz					
Metalle					
Thermoplaste					
Duroplaste					
Glas					
Säuren, Laugen, Beizmittel					
Kaltreiniger, Lösungsmittel					
Schmierstoffe					
Kantinenabfälle					
Elektrische und elektronische Geräte					
Leuchtstoffröhren					
Batterien, Akkus					
Verbrauchte Putzwolle, Putzlappen					

Farbkennzeichnung der Sammelbehälter

Metalle (Auswahl)			
Aluminium	Kupfer	Messing	Stahlschrott, Stahlspäne

Kunststoffe	Kühlschmierstoffe	Altöl	Öl- oder fettverschmutzte Abfälle

Pappe, Papier	Hausmüll und hausmüllähnliche Abfälle	Bioabfall

A. Fertigungsauftrag

Für die Metallwerkstätte in der Schule werden 50 Handbügelsägen benötigt.

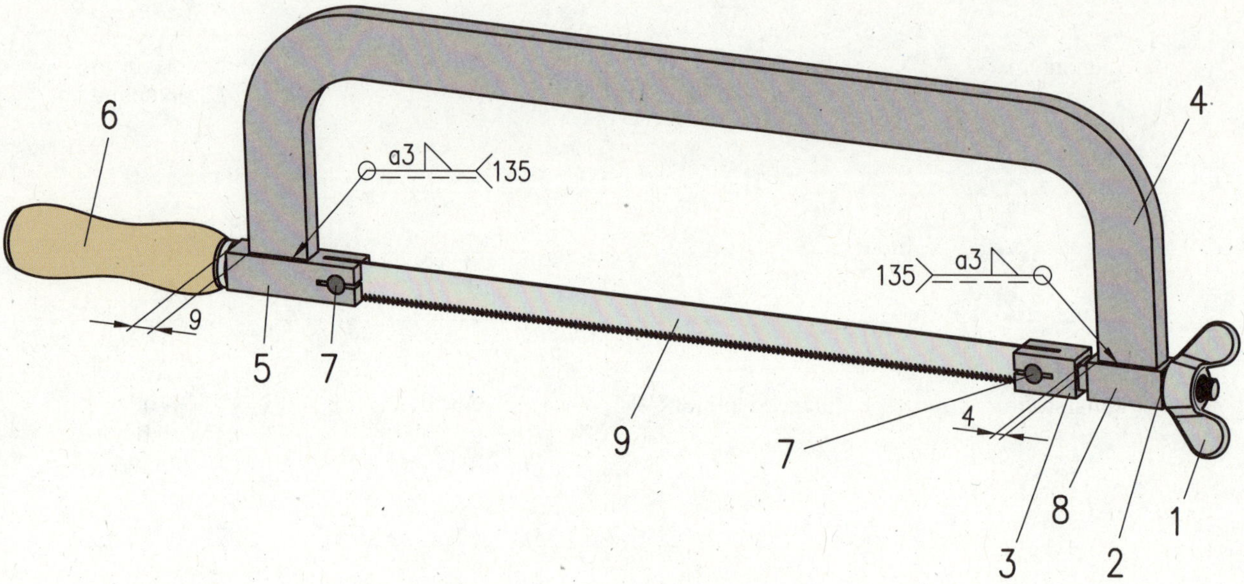

B. Stückliste

1	2	3	4	5
Pos.	**Menge**	**Benennung**	**Sachnummer/Norm-Kurzbezeichnung**	**Bemerkung**
1	1	Flügelmutter	DIN 135-M8-GJMW	
2	1	Scheibe	DIN EN ISO 7089-8-200 HV	
3	1	Spannkloben	DIN EN 10278-S355JO+CR-15x15x76	
4	1	Bügel	Fl DIN 1017-20x6x ______ -S235 JR	
5	1	Spannkloben beim Heft	DIN EN 10278-S355JO+CR-15x15x116	
6	1	Heft	Buchenholz-130 lang	
7	2	Halbrundniet	Niet DIN 660-4x15-S235JR	
8	1	Führungsstück	DIN EN 10219-2-S355JO+CR-15x15x1, 5x29	
9	1	Sägeblatt	DIN 6494-300x12,5x0,63x0,8	

C. Einzelteile

Aufgaben:

1. Berechnen Sie mithilfe der Zeichnung die gestreckte Länge des Bügels und tragen Sie die Lösungen in die Zeichnung ein.

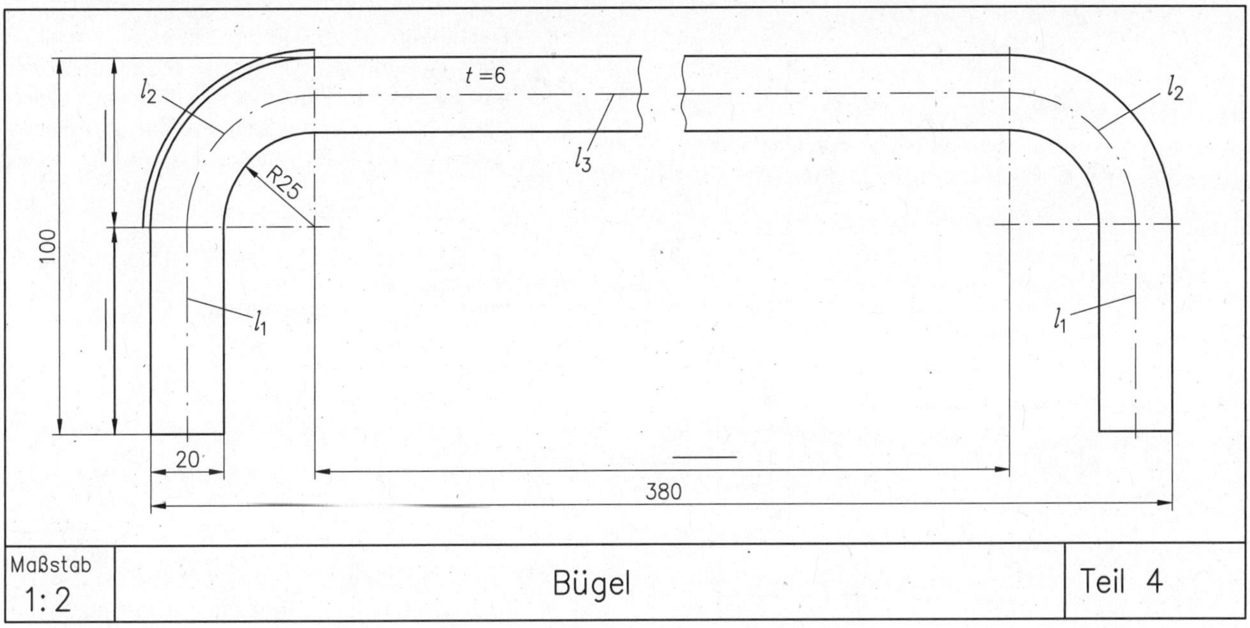

d_m = ____________

d_m = ____________

l = ____________

l = ____________

l = ____________

l_2 = ____________

l_2 = ____________

l_2 = ____________

2. Zum Biegen ist eine Biegevorrichtung erforderlich. Wie kann eine solche Vorrichtung aussehen? (Vorschlag)

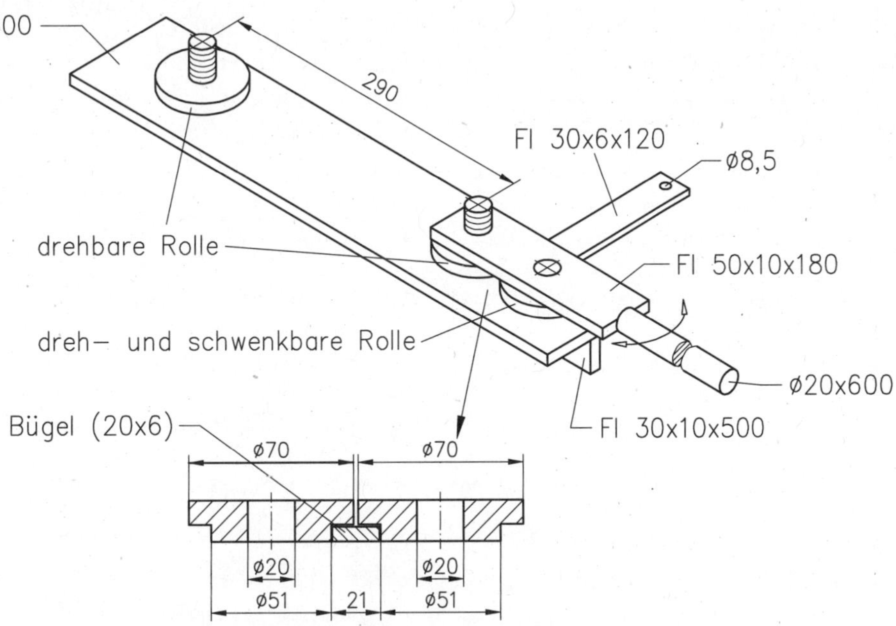

Biegevorrichtung aus S235JR

Die Biegevorrichtung enthält nur die wichtigsten Maße und Werkstoffangaben. Sie sind als Vorschläge zu betrachten.

Arbeitsstufen beim Warmbiegen des Bügels

1.

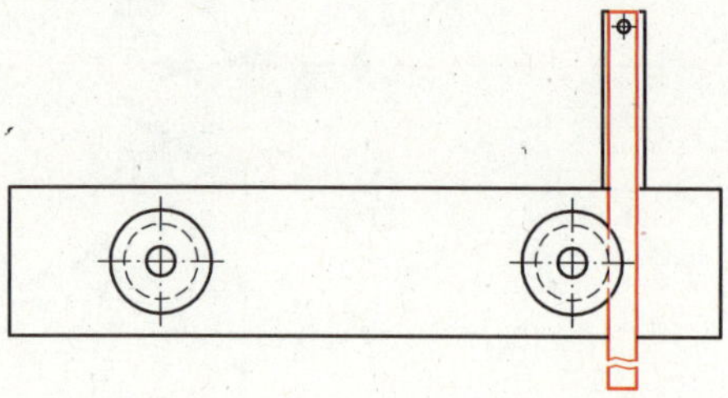

Flachstahl auf ca. 600 mm ablängen. An einem Ende eine mittige Bohrung (Ø 8,5 mm) herstellen. Erwärmten Flachstahl in die Biegevorrichtung einführen und mit einem Stift (z. B. Sechskantschraube M 8) fixieren.

2.

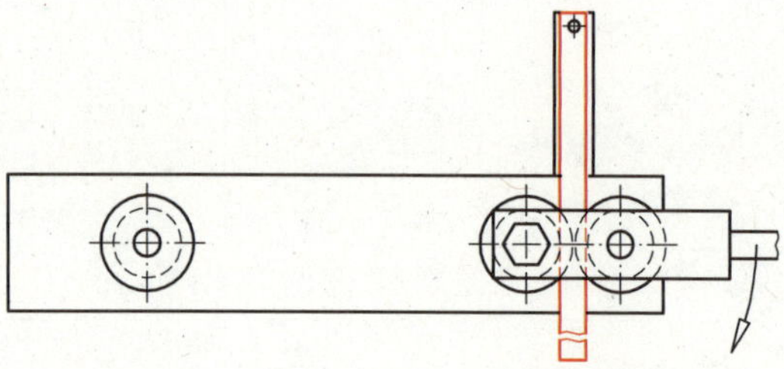

Warmbiegen eines Schenkels (90°).

3.

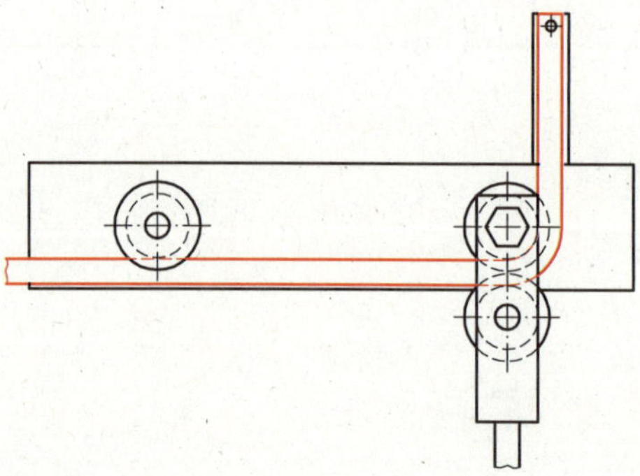

Anzeichnen der Wärmezone zum Biegen des zweiten Schenkels. Entnehmen des Flachstahls, die zweite Biegezone auf etwa 800 °C erwärmen und in die Vorrichtung einlegen. Fixierstift einführen.

4.

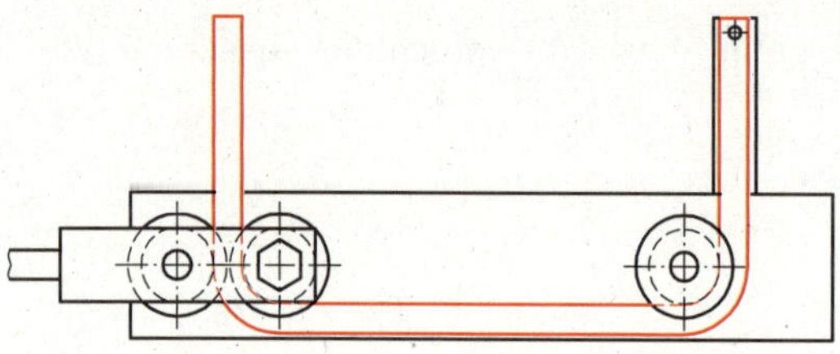

Biegehebel für die zweite Biegung einführen und mit der Mutter (M 20) sichern. Zweite Warmbiegung durchführen.

5. Sägebügel ausrichten und säubern. Schenkelhöhe (100 mm) anreißen und den Überstand ablängen.

Beim Biegen muss eine Zugabe berücksichtigt werden. Addieren Sie diese zur gestreckten Länge und ergänzen Sie die Stückliste in der Position 4.

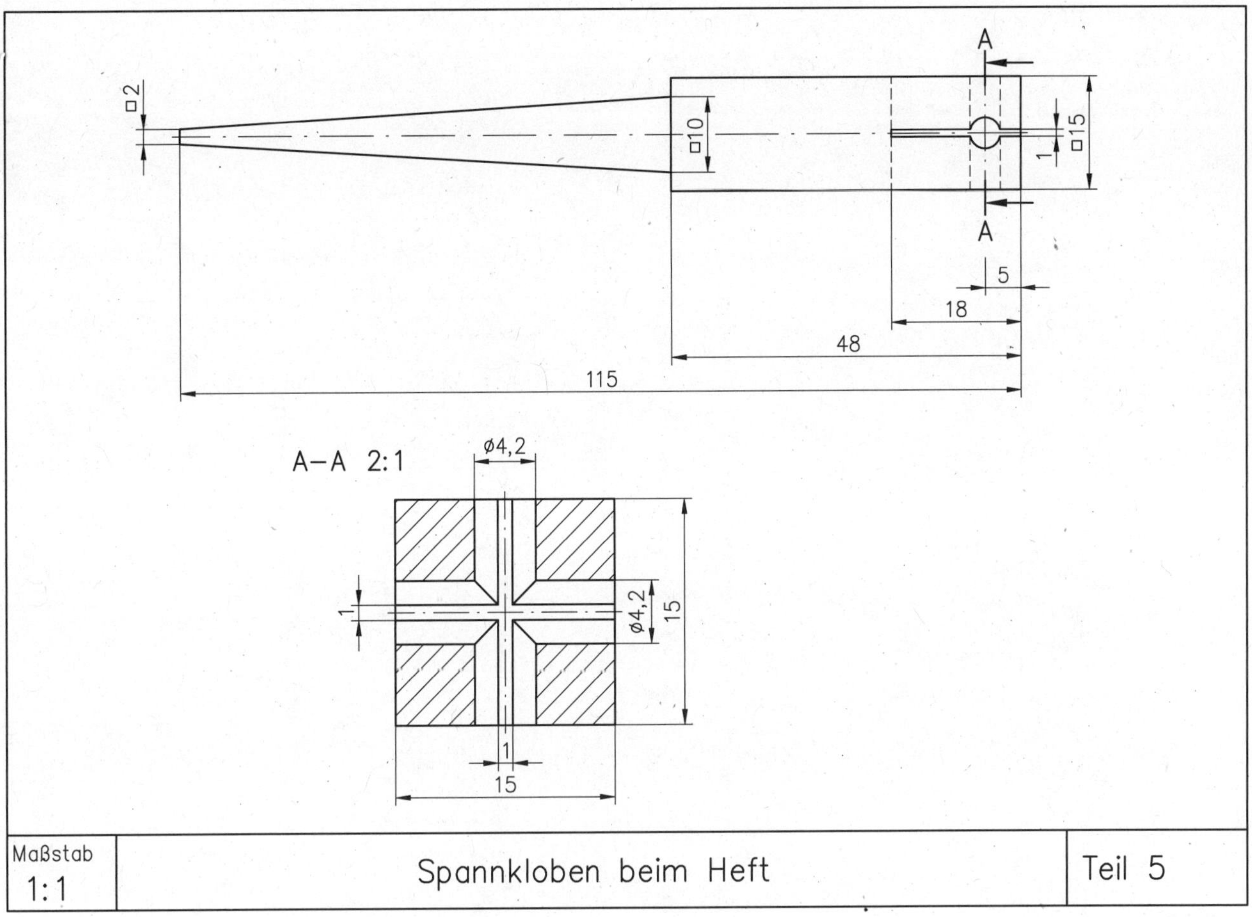

A
A
□2
□10
□15
1
5
18
48
115
A–A 2:1
ø4,2
ø4,2
15
1
1
15
Maßstab
1:1
Spannkloben beim Heft
Teil 5

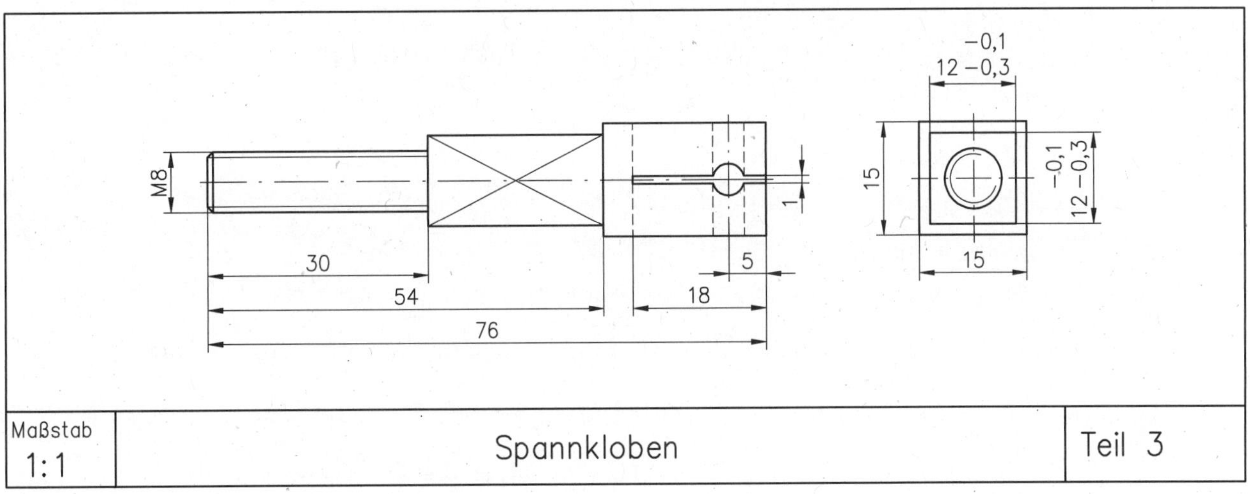

M8
1
30
54
76
18
5
−0,1
12 −0,3
15
−0,1
12 −0,3
15
Maßstab
1:1
Spannkloben
Teil 3

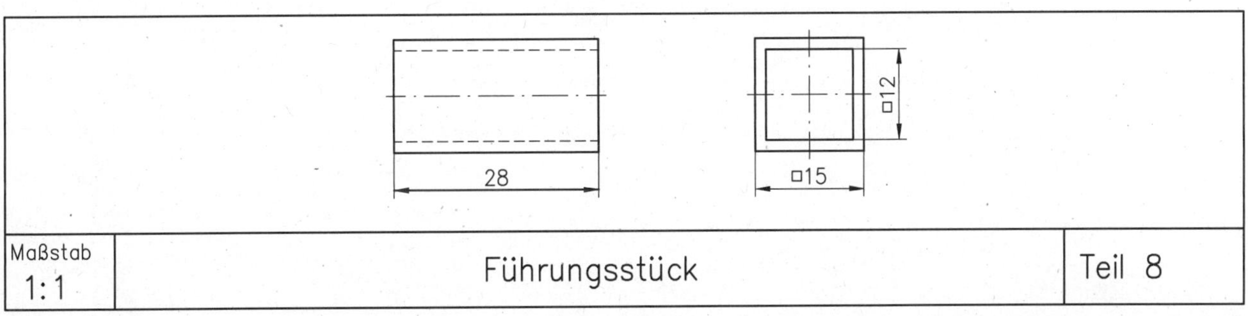

28
□12
□15
Maßstab
1:1
Führungsstück
Teil 8